U0324951

达尔文带你看世界

1 神奇动物在哪里

[英] 查尔斯·达尔文◎著　王阳◎编　凌炳灿◎绘

天津出版传媒集团
天津科学技术出版社

图书在版编目(CIP)数据

达尔文带你看世界：全3册 / (英) 查尔斯·达尔文著；王阳编；凌炳灿绘. -- 天津：天津科学技术出版社，2024. 11. -- ISBN 978-7-5742-2493-3

Ⅰ. Q111.2-49

中国国家版本馆 CIP 数据核字第 20242QK456 号

达尔文带你看世界：全3册

DAERWEN DAINI KANSHIJIE：QUANSANCE

责任编辑：刘 鹈

责任印制：兰 毅

出 版：天津出版传媒集团
天津科学技术出版社

地 址：天津市西康路 35 号

邮 编：300051

电 话：(022) 23332400（编辑部）

网 址：www.tjkjcbs.com.cn

发 行：新华书店经销

印 刷：运河（唐山）印务有限公司

开本 880×1230 1/32 印张 19.25 字数 540 000

2024 年 11 月第 1 版第 1 次印刷

定价：168.00 元（全三册）

目录 CONTENT

第一章 人类手中的神奇“魔杖”

第二章 大自然的鬼斧神工

第三章 生存斗争

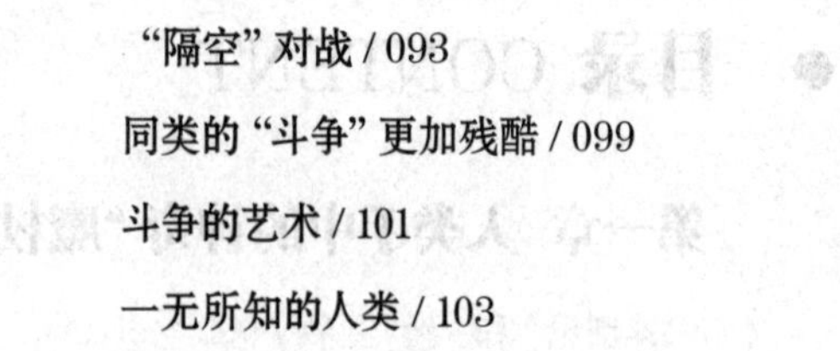

第四章 自然选择

第五章 变异的法则

第一章

人类手中的神奇“魔杖”

“神创论”和“新”生物

如果你问一个现代人“我们人类是怎样诞生的”，他大概会告诉你：人类是由猿进化而来的。不过，如果你在中世纪的欧洲敢这样说，不仅会被斥为“异类”，还会被一个叫宗教裁判所的机构抓起来。

“神创论”认为，世间万物都是由神创造的，所有的物种都是不会变化的，“猴子”也绝不可能进化成人类。

从人类诞生一直到 19 世纪，绝大多数人都对“神创论”坚信不疑，“神创造人类”的观念早就融入了人类的血液里，刻在了人类的大脑里。

随着大航海时代的到来，欧洲的航海家们从世界各地带来了无数千奇百怪的新物种，这些物种形态各异，很多都是人们完全陌生的。

于是，博物学家们开始寻找新的理论来认识世界，虽然他们中的很多人仍然是“神创论”的坚定拥护者，但在他们的努力下，生物学不断进步，各种新的理论也不断出现，为《物种起源》的诞生提供了坚实的基础。

我之所以能够成功，
是因为站在巨人的
肩膀上。
不许抢我台词！

生物分类和地质学

在讲《物种起源》的故事之前，我们要先认识两位学者。第一位叫林奈。

我叫林奈，来自瑞典，
是医生和博物学家，
最大的爱好就是给生
物分类。

在林奈之前，各国学者都用自己的那套方法来命名植物，导致植物学的研究困难重重。后来，林奈按照生物的共同特性，创造了新的分类系统。他先设置了三个庞大的“王国”，即植物、动物和矿物，在每个“王国”下面，又依次分为纲、目、属和种，并且，他还勇敢地把人类也归入动物。

按照我的分类方法，
人类属于动物
哺乳纲
灵长目
人属
智人种

接下来，我们还要认识另外一位学者，他叫查尔斯·莱尔，原本是一位律师，后来转行成为一名地质学家。

不想当地质学家的
博物学者不是一位
好律师。

在莱尔之前，人们普遍认为地球是上帝创造的，后来又经历了一场大洪水和大地震，才最终变成现在这个样子。莱尔并不赞同这种观点，他通过对地层中生物化石的研究，发现了生物不断演化的秘密，并把自己的结论写

进了《地质学原理》中，而他也因此成为现代地质学的先驱。达尔文当年环球航行时就随身携带着他的这部著作。

“小猎犬号”

1809年2月12日，查尔斯·罗伯特·达尔文出生在英国西部小城，他的父亲和祖父都是名医，祖父对于进化有一套自己的理论，但一直没敢发表。

8 岁那年，小达尔文失去了自己的母亲，不过，他仍然保持着乐观开朗的性格，爱好科学和实验。家人希望他能够继承祖业，把他送到爱丁堡大学学医，不过，达尔文对医学没有兴趣。

后来，他干脆放弃了爱丁堡大学的学业，进入剑桥大学学习神学，在那里，他结识了很多植物学和地质学教授，对大自然产生了浓厚的兴趣，经常在剑桥郊区采集植物，研究岩石。

1831年，达尔文从剑桥大学毕业，随后以植物学家的身份跟随“小猎犬号”环绕世界，开始了长达5年的科学考察。在这次环球航行中，达尔文收集了上万种标本，对每一种都做了详细的标注，后来，这些研究被整理成《“小猎犬号”航海记》，成为科学史上的经典作品。

科学就是要有无限的耐心去实地调查，善于观察细节并搜集事实。

三件大事

达尔文在《“小猎犬号”航海记》中记录了对自己最有启发的三件大事。

第一件大事：在智利时，“小猎犬号”经历了一次大地震，地震过后，海平面升高了 4.5 米，这件事证明，地理环境是不断变动的。

第二件大事：达尔文在南美洲东海岸发现了巨大的犰狳和远古时期的犰狳化石，两者的外观相差很大，绝不是同一个物种。

这件事证明，生物处在不断的进化中，远古时期的物种跟它们的后代有很大差别。
犰狳化石

第三件大事：达尔文在东太平洋的加拉帕戈斯群岛发现了很多珍禽异兽，不同岛屿的动物有着完全不同的特点，一个个小岛就像独立的“生物实验室”一样。

乘坐“小猎犬号”环球航行，给达尔文带来了无数灵感和启发，回国之后，他又进行了长达二十多年的研究，终于在1859年出版了《物种起源》，首发当日，1250册全部售完，引起巨大轰动。

接下来，请大家跟着我，一起探索这本神奇著作的奥秘，揭开生物演化之谜。

人工选择

生活中，我们对很多动植物都已经习以为常了。小麦可以磨成面粉，做成香喷喷的馒头和面条；稻子能产出大米，做成米饭或煮成粥；奶牛挤出的奶能补充身体每天所需要的蛋白质；蔬菜能补充维生素……

你见过狗尾巴草吗？狗尾巴草是一种十分常见的植物，生长在温带和亚热带，看起来毛茸茸的，里面有很多小小的种子。如果我告诉你，我们吃的谷子就是从狗尾巴草培育出来的，你一定会特别惊讶吧？

没错，科学发现就是从惊讶开始的。惊讶引起好奇，好奇引发疑问，疑问需要研究来证实，一个个科学结论就这样出现了，达尔文的《物种起源》就是从惊讶和好奇开始的。

经过不断观察和研究，达尔文发现了其中的秘密。原来，人类在培养动植物时，会根据自己的需求，刻意选择和保留动植物某种对人类有利的特征，并让它们顺利繁殖，最终达到改良家畜和作物品种的效果。

动植物发生的某种性状的改变叫作变异。

生物变异是一个很复杂的过程，需要十分漫长的时间，比如我们上文提到的狗尾巴草变成谷子，就经过了长达上千年的时间。

狗尾巴草是怎样变成谷子的呢？简单来说，就是人们把狗尾巴草的种子撒在土里，等幼苗长出之后，对它进行浇水、施肥和培育。长成之后，再挑出优质的种子继续播种，这样不断培育，原来的狗尾巴草种子不断变大，产量不断变高，最后就脱胎换骨，成为谷子。不过，这个过程非常久，足足需要上千年的时间。当然，谷子真正的演化过程要比我们说的复杂得多。

这个过程叫作人工选择，人类通过有意识的选择来保存动植物对自己有利的变异，就能够培养出和自然界完全不同的生物。

人工选择的例子非常多。比如，奶牛的乳房比野生牛要大得多，因为人类需要它们产奶；狗比狼要温顺得多，因为人类需要它们看家护院。

遗传

说到这里，聪明的读者一定已经看出问题了：如果生物发生变异之后没有办法保留下来，传给下一代，那么，人类想要改良家畜和作物品种的目的不就永远没有办法实现了？

没错，这确实是一个很严重的问题。不过，在达尔文时代，人们已经发现了生物的很多性状会遗传给下一代。

这样，通过变异与遗传，物种的演化就实现了。不过，可惜的是，当时的科学家们并没有发现遗传的秘密。

基因是带有遗传信息的 DNA 片段，就像一个存储器一样，记录着生物的种族、孕育、生长、凋亡等过程的全部信息。遗传基因也叫遗传因子，是具有复杂结构并决定生物遗传特征的化学物质。

基因有两个作用：一是忠实地复制自己，保持生物的基本特征；二是基因能够“突变”，增加生物多样性。不过，人类发现基因的秘密时，达尔文已经去世很久了。

生活条件与“原料”

虽然没能知道基因的秘密，但达尔文找到了很多影响生物变异的因素。就像我们上文中说的那样，在人工培养条件下，生物变异往往来得更加频繁，也更加稳定，达尔文认为，这很大程度上是由生活条件的变化引发的。

生存环境的改变对生物的习性有很大影响。比如，把一棵生活在热带的植物移植到温带，开花期就会发生明显的变化；把橘子种在南方，树上会结出酸甜可口的果实，可是，如果把它种在北方，结出来的果实就会又酸又涩。

家养动植物和野生动植物的生存环境完全不同，所以，出现各种变异也就在所难免了。

生长在野外的狗尾巴草，无论过去多久都不会变成谷子，只有在人类的悉心栽培下，这种变异才会稳定地持续下去。

说到这里，有的读者应该已经发现问题了：如果人工选择在开始阶段就挑选自己想要的方向，那么，培育起来不是事半功倍吗？非常正确，其实，达尔文也说到了这个问题。

如果把人工选择比作一个制造人类必需品的“工厂”，那么，一些和自然界中的其他同类在构造上出现某些差异，长得“奇形怪状”的生物就是“原料”了。达尔文专门通过家鸽来讲述这个原理。

经过深思熟虑之后，我选择家鸽作为研究对象，并搜集了能买到或得到的所有品种。

达尔文经过研究惊讶地发现，家鸽不同品种之间的差异竟然如此巨大。

● 信鸽头部周围的皮有着奇特的肉突，还有很长的眼睑、极大的外鼻孔；

● 短面翻飞鸽的喙部的外形和雀科鸣鸟类很像，根本不像鸽子家族的一员；

● 侏儒鸽的身体巨大，喙又长又粗，足也很大，看上去像个壮实的“矮人”；

● 凸胸鸽有很长的身体、翅和腿，它们最令人惊讶的部位是长了个巨大的嗉囊，看上去十分得意；

● 毛领鸽的羽毛沿着颈背向前倒竖，像是戴了一顶王冠一样；

● 扇尾鸽有多达三四十个尾羽，比同类要多出几倍，看上去像是孔雀开屏一样；

……

像这种家鸽不同品种之间的差异，达尔文能说出至少 20 种，然而，让人惊异的是，它们竟然来自同一个祖先——岩鸽。

因此，根据鸽子家族的情况，我们可以得出这样的结论：自然变异就像人工选择的原料仓库一样，人们利用这些变异，在家养状态下培育出了各种各样的品种。

一个人只有看到一只鸽子尾巴出现了一些异常，他才会试图培育出一种扇尾鸽；同样，只有当他看到一只鸽子的嗉囊已经大得有些出奇的时候，他才会试图去培育出一种凸胸鸽。任何特征，在最初发现时表现得越是畸形或越是异常，就越有可能引起人们的注意。

变异的不稳定性

在人工选择的过程中，即使用同样的方法，在同样的环境中，物种之间也会出现惊人的差异。比如，猪产的一窝幼崽中，有的可能十分强壮，有的就很难存活。

生物变异已经是个十分明确的事实，不过，达尔文时代还有一个备受争议的问题：变异到底是在哪个阶段发生的？

我认为是在胚胎发育时期！
我反对，变异是在受孕时发生的。
达尔文说：“我认为，变异是在受孕前发生的。有些动物能够在笼子里自由繁殖，比如兔子，很多肉食性的鸟类在家养状态下就无法产卵。”

达尔文认为，生物的生殖系统十分脆弱，很容易受环境的影响。比如，在种植小麦时，如果雨水比较多，小麦的长势就好；反之，小麦就可能颗粒无收。

即使在无性繁殖中，也有可能出现变异，“芽突变”现象能够充分说明这个问题：一株植物会突然长出一个特殊的芽，这个芽长成之后，枝叶和果实都有可能和树上的其他植物不同。

综上所述，我认为，环境会影响生物的生殖系统，在受孕前，变异就已经发生了。

相关性法则

对生物进化来说，变异和遗传是十分重要的途径。没有变异，生物就不可能出现变化，而没有遗传，这种变化就无法持续不断地进行下去。

就像我们看到的，遗传的作用会造成生物出现很多差异，这种差异和生物习性的改变有关。

经过长期研究，达尔文提出了“相关性法则”：变异会把一个生物体中看上去毫无联系的部分联系在一起。听上去是不是有点拗口？看一看下面的例子你就懂了。

不长毛的狗，牙齿就会不健全。毛色纯白的蓝眼公猫，一般没有听觉。

生物变异的方式真是太多、太令人头疼了，为什么同一特性在同种的不同个体之间，有时候能遗传，有时候却不能遗传；为什么很多生物的后代常常出现返祖现象；为什么有的特征只传给雄性，有的特征却只遗传给雌性……

不过，达尔文时代的人虽然无法准确得知支配变异和遗传的法则，却能够根据“**相关性法则**”做很多事。

比如，美国弗吉尼亚州的农户会在一窝猪仔里挑选黑色的进行饲养，因为当地的猪会吃一种叫作卡罗莱纳血根草的植物，这种植物中含有毒素，只有黑色的猪能够中和毒性，健康生长。

生物变异造成的差异就像五彩斑斓的画笔一样，能够在同一块“画布”上“画”出丰富多彩的物种特点，人类根据这些特点，可以有选择地进行培育，从而培养出完全不同的品种。

无意识选择

“选择”就像一根魔杖，对于拿着这根魔杖的人类来说，可以把生物按照自己的喜好和利益，塑造成完全不同的模样。比如，同样是鸡，在家里下蛋的鸡就十分温驯，参加斗鸡的就十分凶残好斗。

除了有意识的选择之外，人类还会做出“无意识选择”。比如，打猎的人想要更加优秀的猎犬，自然会选出最优秀的个体让它生存繁衍下去，如果这种行为持续上百甚至上千年，就会在无意间培育出一个新的品种。

对人工选择有利的条件

接下来，我必须得说一说对人工选择有利的条件。

在群体中，出现变异是小概率事件，如果仅仅依靠个体差异，根本无法积累起足够的变异，达到培育新品种的目的。所以，饲养的个体越多，变异出现的机会也就越多。

约克郡有很多人饲养绵羊，可是，由于绵羊大部分是穷人养的，数量不多，因此，在很长的时间里，绵羊几乎没有出现什么变异。所以，想要培育新的品种，就需要拥有大量个体，还要把它们置于有利的生活条件下，让它们能够自由地生长繁殖。

现在，我们对家里的狗狗，餐桌上的米饭，酸甜可口的水果早已经习以为常了。可是，这些物种都经历了上千年乃至上万年的人工培育，才真正进入我们的生活，为我们服务。这都是人工选择的力量，也是人类智慧和心血的结晶。

接下来，让我们去自然界看一看，在没有人类干预的情况下，物种是怎样变异和演化的。

第二章

大自然的鬼斧神工

物种和变种

和家养动物一样，自然界中的变异也无处不在。不过，在认识大自然中的变异之前，我们要先明确两个概念：变种和物种。

在我们这个时代，物种有十分明确的定义：物种是指具有相同的形态学、生理学特征和有一定自然分布区的种群（或居群）。同一种内的许多个体具有相同的遗传性状，彼此间可以交配和产生后代。在一般条件下，不同种间的个体不能交配，或即使能交配也不能产生有生育能力的后代。

物种就是我们说过的“种”，是生物分类学研究的基本单元，相互之间可以通过交配繁衍后代；品种是经自然或人工选择形成的动、植物群体。比如，猫和狗是不同的物种；吉娃娃和贵宾犬是相同的物种，不同的品种。要注意哦，品种并不属于分类学上的等级。

除了物种，我们还要搞清楚变种的概念。变种指的是与上一代出现不同，产生差异性变异的生物个体。

达尔文在加拉帕戈斯群岛曾经发现一个很有趣的现象，那就是不同小岛上相同的鸟类长得都有自己的特点。达尔文认为，它们都属于同一个种之中的不同变种。不过，当他把这些鸟类标本带回英国，请鸟类专家古尔德鉴定时，古尔德却认为，它们应该属于不同的物种。

达尔文认为，要判断一个类型到底是物种还是变种，这是一件十分困难的事，因为每个博物学家都有自己的标准。而且，在自然界中，**这些无法归类的“可疑生物”十分常见。**

我比较不同植物学家们所列的英国的、法国的或者美国的几个植物群时，发现了一个十分有趣的现象：很多植物被一位植物学家列为物种，却被另一位植物学家列为变种。

虽然植物学家们无法达成统一的意见，但这并不影响达尔文有自己的看法，他认为：变种和物种之间没有明显的界限，如果非要找出一个标准的话，那就是个体差异。

物种和变种本质上没有区别，我们创造“变种”这个词只是为了方便比较物种出现的差异而已。

个体差异

你见过双胞胎吗？双胞胎一般长得特别像，几乎一模一样。可是，只要仔细观察，你一定能发现他们之间细微的差异，达尔文把这种差异叫作“个体差异”。

在达尔文看来，大自然就像一个神奇的“造物工厂”，同类物种之间先是出现细微的差异，接着，这种差异就会不断放大，变成显著的特征，这时，变种就形成了。紧接着，变种的差异越来越大，最终形成新的物种。

达尔文的这个结论进一步对“神创论”发起了挑战，如果他的结论是正确的，那么，这个世界就不是神创造的。

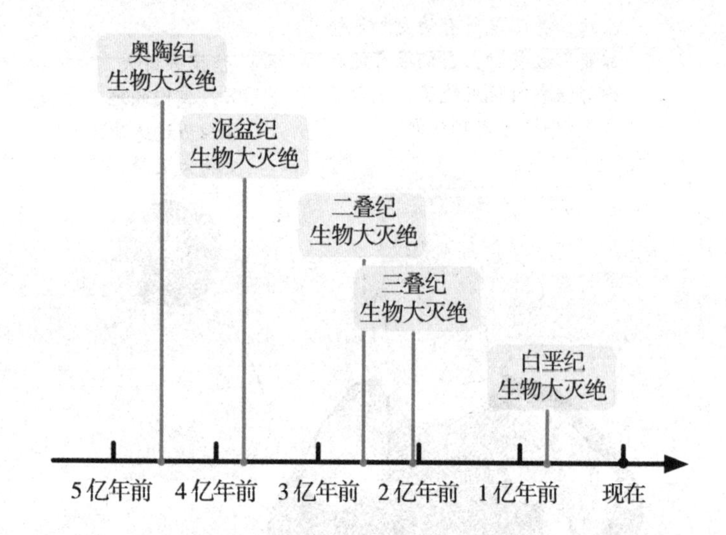

不过，当时的博物学家们普遍认为，个体差异只是一些无关紧要的细节，物种的重要特征和内部器官不会发生变异。

不过，如果真的是这样，那么，新的物种是不是就永远不会出现了？所以，达尔文必须找到新的证据。

达尔文当然不同意这种观点，他认为，物种的重要器官也同样会出现变异。经过大量观察和研究，达尔文找到了很多可靠的证据。

比如，昆虫靠近大中央神经节的主干神经分支，介壳虫的神经等都是存在变异的，而且，有时这种变异还发生得非常快。

你看，科学就要靠事实说话，而事实要靠大量研究，达尔文就是这样做的。

不过，无论是否发生变异，同个物种的不同个体之间总是会有巨大的形态差异，比如性别不同、分工不同所产生的外形变化。比如，在同一个蚁穴中，工蚁、蚁后、雄蚁的形态就完全不同。

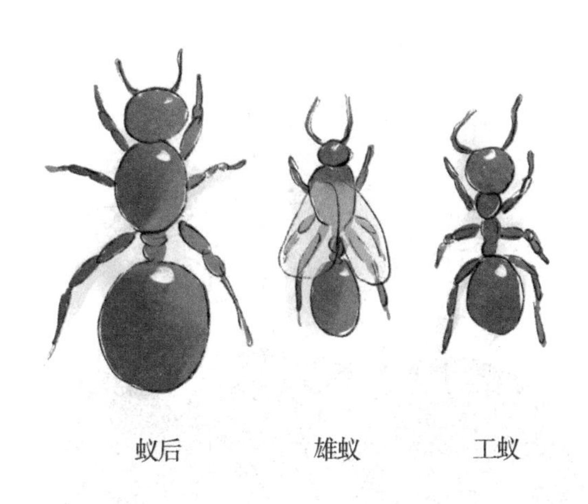

蚁后　　雄蚁　　工蚁

有时候，就算是同种、同性别的昆虫，形态也会发生变化。

你相信吗？在马来群岛，我发现同种的雌性蝴蝶会有两三个完全不同的形态，太让人惊奇了！

华莱士是和达尔文同时代的英国博物学家，他和达尔文几乎同时提出了“自然选择”理论。

常见的物种变异最多

经过进一步研究，达尔文发现，在一个特定的区域里，较大属的植物比较小属的植物更有生存优势。

前面我们说过，生物可以按纲、目、属、种进行分类，根据属下种数量的多少，可以分为大属和小属。比如，马来熊属下只有一个种，属于绝对的小属；百合属下有109个种，属于绝对的大属。
大属
小属

根据这种情况，达尔文做出一个大胆的推测：如果物种是由变种演化而来的，那么，大属的物种应该比小属的物种更容易发生变异。

我们可以这样理解：如果某种植物分布得更为广泛，那么，它们就会暴露在各种不同的地理环境中，还必须跟更多的其他生物斗争，为了在斗争中获得有利条件，它们自然就会产生更多的变种。
对了，如果某个物种在某个地区分布十分广泛，那么，能不能得出一个结论：这个区域一定有对它们生存有利的条件？

为了证明这种推测，达尔文做了个很有趣的实验。

我把 12 个地区的植物及 2 个地区的鞘翅目昆虫分成两个相等的部分，大属的物种列在一边，小属的物种列在另一边；结果，大属一边的物种所产生的变种数多于小属。

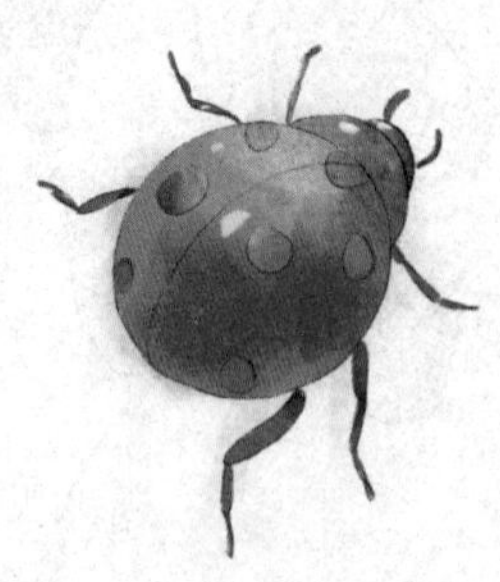

鞘指的是装刀剑的套子。鞘翅目之所以得名，就是因为它们的前翅已经变成了坚硬的角质，像刀剑的鞘一样，瓢虫就是典型代表。

按照达尔文的理论，如果我们把大自然比作无数台“全自动物种制造机”的话，大属就是其中效率最高的机器。大属的物种不断产生变异，创造新的变种，变种再变成全新物种，占领更大的“地盘”，所以，大属的规模会越来越大。

不过，这也不是绝对的。

当时，一位叫沃森的植物学家写了一本叫《伦敦植物名录》的书，书中有多达 63 种植物被列为物种。不过，达尔文却表示，这种说法十分可疑，最重要的原因就是它们的分布范围实在太小了。

分布范围也能用来判断一个变异种是不是新物种吗？让我们来回顾一下达尔文的理论。

在每个物种中存在着个体间的变异，这些变异可能是遗传或环境导致的。一些变异可能会提高个体在特定环境中生存和繁殖的能力，即适应性特征。

在资源有限的环境中，不同个体之间存在竞争。那些具有更好适应性特征的个体更有可能在竞争中生存下来，繁殖并将这些特征传递给后代。

随着时间的推移，这种适应性特征逐渐积累，从而导致物种的演化。这意味着物种可能会经历逐渐的变化和分化，以适应不同的生态环境。

而一个变异种要形成新的物种，必须经历足够长时间的演化过程，并且在完全不同的环境中生存，因此，在一个如此小的范围内，不可能形成这么多新物种。

接着，达尔文进一步指出：在自然界中，变种是一群环绕在原型种周围的生物，它们之间的差异非常小。

第三章

生存斗争

生存斗争

上一节中，我们了解了神奇的自然选择。按照大属越来越大，小属越来越小的原理，那么，发展到最后，地球上不就只剩下一个物种了吗？可是，这样的情况为什么没有发生呢？想象一下，如果一个占有生存优势的大属物种的数量不断扩大，地球上会出现什么样的景象呢？

根据计算，如果一对大象不受控制地繁殖，750 年后，它们的后代将占领地球。而且，大象还是繁殖最慢的动物。

不用担心，前面所有的情况都不会发生。

奥古斯丁·彼拉姆斯·德·堪多是瑞士著名植物学家，他早于达尔文提出了“自然战争”的概念，指出不同物种之间总是在为争夺生存空间发生战争，无休无止。他的这种学说启发了达尔文。

我们看到鸟儿，只会看到它美丽的羽毛，听到它动人的歌声。可是，我们没有注意到，鸟儿们大多以虫子和种子为食，它们不断毁灭着生命，而它们也会成为猎鹰的食物。

相比“自然战争”，达尔文觉得用“生存斗争”这个词来形容大自然中的竞争更加妥当。因为战争意味着毁灭，而斗争意味着依存关系。

接下来，我们再来看看一种复杂的斗争关系。在公园的花坛或森林中，我们经常能够看到一种像绳子一样缠绕在其他植物上的淡褐色藤蔓，这种植物叫菟丝子。

这就是菟丝子，仔
细观察，你就能够
发现它们。

菟丝子之所以喜欢“抱着”其他植物，不是因为它们性格“热情”，而是自身不含叶绿素，无法进行光合作用。

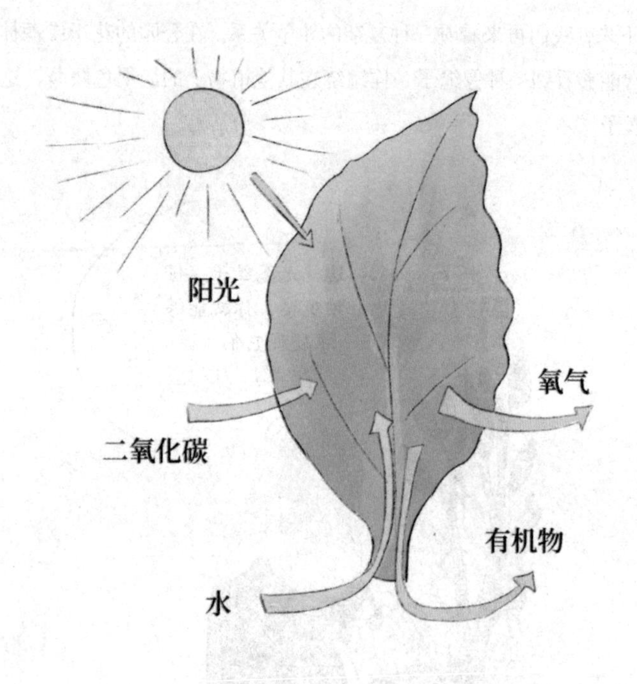

光合作用是指植物通过吸收光能，把二氧化碳和水合成有机物，释放出氧气的过程，就像人类的呼吸一样。

于是，菟丝子只能缠绕在其他植物上，把吸根插入寄主，吸收寄主的养分生存，这种关系就是寄生。

在生物学上，如果两种生物生活在一起，一种生物靠另一种生物提供养分并对其产生危害，叫作寄生。

像菟丝子这样的寄生植物，自然界中多得数不胜数。除了寄生植物之外，常见的寄生物还有细菌、病毒、寄生虫等，比如，槲寄生就是另一个十分典型的代表。

注意到树枝间那一团植物了吗？这种植物叫槲寄生，只听这个名字就知道，它需要寄生在其他树上，靠从寄主植物上吸取水分和无机物，进行光合作用来制造养分。如果一棵树上的槲寄生太多，树就会死掉，槲寄生也会跟着死去。如果几棵槲寄生的幼苗同时寄生在一根枝条上，它们之间也会展开激烈的斗争。另外，槲寄生是靠鸟儿来传播种子的，这样一来，它们就会和其他同样依靠鸟儿传播种子的植物进行竞争。

你看，小小的一棵树上就有这么多斗争，所以，生存斗争是一件非常复杂的事，不同物种之间，同种之间都会时刻进行斗争，只有这样才能在残酷的自然界中生存下去。
啊，我懂了，这就叫“一花一世界，一叶一菩提”。

就像我们看到的那样，
自然界中的所有生物随时随地都
在进行残酷的生存斗争，无论什么生物，
它的生存和繁衍都需要其他生物来提供养
分。如果某种生物数量过多，最终只会出现
一种结果：没有足够的资
源和地方能够支撑它
们的生存。
那人类呢？
人类嘛……
这个问题有
点复杂……
人类最大的
敌人可能就
是自己。

全球变暖
大气污染
固体废弃物污染
能源危机

就像大家看到的那样，大自然是一个十分严格的“造物主”，他有“秘密武器”来维持自然界的平衡。

在自然环境中，生物的食物来源十分有限，食物限制了物种的繁殖情况和数量。当食物充足时，个体的数量就能迅速增加，反之，个体数量就会减少。

食物不足只是一方面的因素，自然界中，几乎每一种生物都有可能成为其他生物的食物，同时，捕食者自己也会成为其他生物的食物，这种关系有个专门的名称——食物链。

食物链是各种生物为了维持生命活动，必须以其他生物为食形成的链锁关系，这种关系无处不在。

下面是一张简单的森林系统食物链示意图，通过这张图，你就能明白了。

如果某种生物专门捕食或危害另一种动物，那么，前者就是后者的天敌。比如，在这张图中，狐狸、鹰都是兔子的天敌，天敌对生物数量的影响十分巨大。

在上图中，鹰处在食物链的最顶端，你可能会有这样的疑问：既然它处在最顶端，为什么没有过度繁殖呢?

这个问题十分有趣，一般来说，处在食物链顶端的生物，在捕猎时需要消耗大量能量，因此需要更多食物来保证生存，说到底，还是食物有限。

环境的影响

除了食物之外，环境也会对生物数量造成极大的影响，气候的变化和生物数量的关系就是最明显的例子。

某些极端的气候会对生物造成直接影响。比如，干旱、极寒、暴风和洪水都会直接导致植物数量减少，那些以植物为食的动物数量也会减少，最终影响整个地区的物种数量。植物减少意味着植食动物的食物减少，同样，那些以植食动物为食的肉食动物也无法获得充足的食物，就像我们上文说的，生存斗争是个十分复杂的系统，每一个环节都密切相关。

接着，达尔文进一步指出，一个物种，即使有了对生存十分有利的环境条件，在一个区域内个体数量快速增长，但之后往往会暴发传染病，这在自然界中十分常见。经过进一步研究，达尔文发现，这些疾病似乎是由于寄生虫引发的，而这些寄生虫往往是由于动植物过于密集而受益。

从另一方面来说，如果一个物种要在某个区域生存，那么，它的数量必须远远大于敌害个体的数量。

我们之所以能够收获小麦、玉米等各种庄稼，是因为这些作物的种子数量远远超过了鸟儿的数量。鸟儿们虽然有丰富的食物，但是，寒冷的冬季会抑制它们的数量。

看到这里，你有没有觉得大自然实在太过“聪明”，太过“精密”了，简直就是一台世界上最精密的仪器？

你看，自然界中的每一种生物，无时无刻不处在“斗争”中，想要生存下去，就要使尽浑身解数。

有人类参与的生存斗争

不过，我们以上所说的还不是生存斗争的全部，接下来，你会看到有人类参与的、更加复杂的斗争。

我们再来看看另外一片没有被围起来的荒地，那里曾经有很多冷杉树。不过，经过我仔细观察，地上的幼苗和小树被牛反复吃掉，连一棵也长不出来。你看，牛在收集食物时竟然如此耐心。

让我们把目光转移到巴拉圭，在那里，一种蝇类又决定着牛的生存。这种蝇会把卵产在牛犊的脐中，导致牛大量死亡。所以，在巴拉圭，连一头野牛都看不到。这种蝇的数量又受鸟类的限制。

在巴拉圭，达尔文惊奇地发现，那里不仅没有野牛，甚至连野马和野狗都没有。而在巴拉圭以南和以北的地区，野牛、野马和野狗则成群结队地游荡，这到底是怎么回事呢？

经过长期观察，达尔文终于发现了其中的关键。原来，巴拉圭当地有一种蝇类，它们会把卵产在初生动物的脐中，蝇类的数量一多，野生牛、马等生物就无法正常繁殖。而在家养环境中，人类会把这种威胁消灭在萌芽状态。

之后，达尔文提出了自己的假设：如果鸟类数量变多，蝇类数量受到抑制，野牛和野马是不是就会成群结队地出现了呢？答案是肯定的。不过，达尔文随即又提出了一个问题：如果野牛和野马的数量过多，植被就会遭到破坏，进而影响昆虫的生存环境。

鸟类以昆虫为食，昆虫数量减少，鸟类的数量也就会随之减少。你看，我们又回到问题的开头了。而这种看起来十分复杂的关系，在自然界中还算简单的。

我们是如此极度无知，又是如此自以为是。

你看，自然界中的斗争相互重叠，此起彼伏，胜负无常；有时候，细微的差异会使一种生物战胜另一种生物，然而，从长远的时间来看，各种生物之间又保持着势均力敌的状态，它们之间的关系是如此协调，自然界的面貌也得以保持长久不变。这也是为什么我听到某种生物灭绝时会觉得十分惊讶。

“隔空”对战

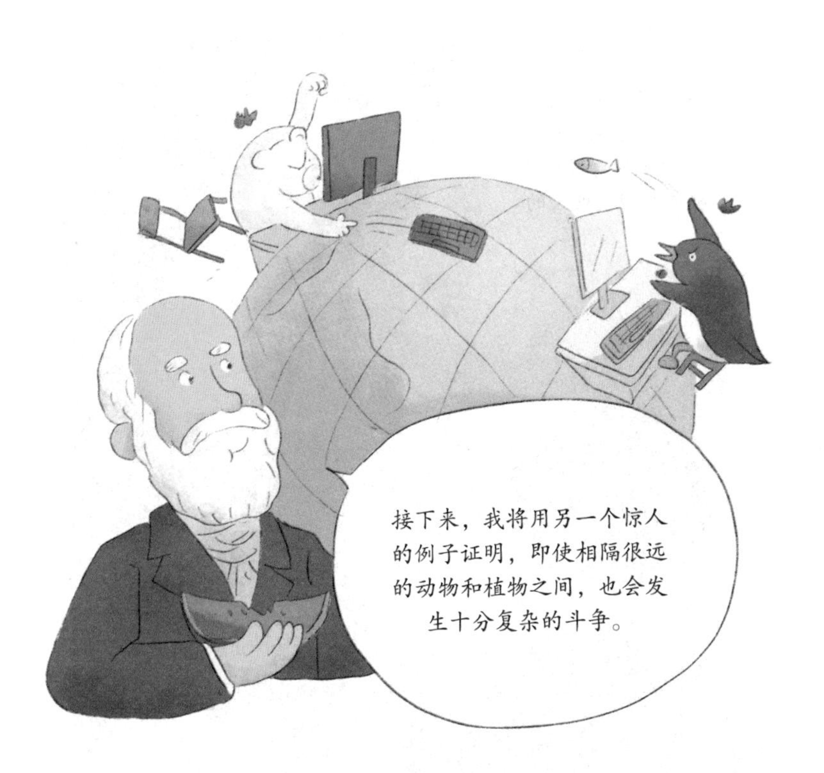

接下来，我将用另一个惊人的例子证明，即使相隔很远的动物和植物之间，也会发生十分复杂的斗争。

达尔文在实验中发现，有一种叫三叶草的植物，只有野蜂会帮助它传播花粉，其他蜂类都碰不到花蜜。因此，他得出结论：如果整个英国的野蜂消失，三叶草这种植物也会跟着灭绝。野蜂的数目很大程度上是由田鼠的数目决定的，因为田鼠会破坏它们的蜂巢。

田鼠的数量在很大程度上由猫的数量决定。

也就是说，如果一个地方存在大量猫，
那么，猫会大量消灭田鼠，没有田鼠
破坏，野蜂的数量就会增加，而野蜂
数量增加，又会导致区域内三叶草的
数量增加，这真是太神奇了！

当我们在河边看到郁郁葱葱的植被，在山上看到荆棘丛生的灌木时，总是会把它们想象成是偶然出现的。然而，我们根本无法想象，这些看上去那么不起眼的生物背后，却时刻都在经历着残酷的生存竞争，只要周围的环境不发生变化，这些植被仍然会按照原来的比例出现。

比如，达尔文提到，美国南部的印第安人废墟上，原本的树木已经被清除干净，然而，经历了上百年之后，那里生长出来的树木种类和比例竟然与原来几乎相同。

在我们看不见的地方，植物们年复一年，日复一日地播撒下数以万计的种子，种子再长成参天大树。而在它们的周围，昆虫与昆虫之间，昆虫与捕食它们的鸟兽之间，鸟兽与鸟兽之间，鸟兽和种子、幼苗之间又在发生怎样的斗争呢？难以想象。

将一片羽毛抛向空中，它会遵照一定的法则坠落到地面，然而，比起数百年间无数生物之间的作用和反作用，这个问题是何其简单啊！

也正是这些复杂的斗争，才有了我们眼中精彩纷呈的大自然，这是地球赐给我们的礼物。

所以，达尔文由此得出结论：对自然界中的每一个物种来说，在它生命的不同时期、不同季节或不同年份，都会有各种各样的抑制因素在发生作用，有的抑制因素作用强大，有的作用较小。不过，无论如何，物种的最终生存状态都是由这些因素共同发挥作用产生的结果。**而所有的生存斗争，都是物种为了延续生命所做的努力，因此，所有生命都值得尊重。**

你看这朵花，如果没有人类欣赏，它还会开得这么娇艳吗？
不要自作多情啦，花儿开得娇艳，只是为了吸引蝴蝶和蜜蜂而已。
不要碰我！

同类的“斗争”更加残酷

在开始讲达尔文的生命故事前，我们先来讲一个发生在我国古代的有趣故事。

三国时期，曹操的儿子曹丕做了皇帝，他怕弟弟曹植抢夺自己的皇位，就想要除掉他。于是，曹丕找来曹植，命令他在七步之内做出一首诗，不然就杀了他。曹植是个才思敏捷的人，边走边吟，居然真的做了出来。诗里有这样四句：

煮豆燃豆萁，豆在釜中泣。本是同根生，相煎何太急？

大概意思是：锅里煮着豆子，却用豆子的秸秆烧火，本来都是同一个根上长出来的，为什么要这样互相残杀呢？

这就是著名的《七步诗》。然而，在自然界中，越是亲缘关系相近的生物，它们之间的竞争反而越激烈，这就是我们接下来要讲的故事。

我们在上文中已经讲了很多自然斗争的故事，不过，这些斗争都是发生在不同物种之间，物种和环境之间的。可是，你知道吗？自然界中的生物，除了与天斗、与地斗、与天敌斗争之外，还要面临来自同类的斗争。

而且，由于资源有限，同类所需的食物又大致相同，对于个体来说，消灭同类，就意味着自己能够获取更多的生存资源，因此，同类之间的生存斗争更加残酷。

比如，生长在一起的树木要抢夺有限的养分和水源，生长在同一个区域的鸟类也要抢夺有限的虫子。

肉食动物会捕杀同类，食草动物可能用踢打、撞击等方式杀死同类，有些动物甚至会吃掉自己的幼崽，沙虎鲨等动物甚至会在“幼年”杀死自己的兄弟姐妹。不要惊讶，这些都是自然规则。

当然，达尔文也发现了类似的现象，比如，他发现在美国的一些地方，一种燕子的数量增加了，导致另一种燕子的数量减少了；在苏格兰的一些地方，槲鸫的数量增加了，却导致歌鸫的数量减少了；在俄罗斯，从亚洲来的小蟑螂入境之后，那些同样来自亚洲的大蟑螂减少了。这样的例子简直说都说不完。

斗争的艺术

想一想，如果你遇到了一个无法战胜的敌人会怎么做？我想，最好的选择是马上逃开。

再想一想，如果你每顿饭都要和其他人抢食物吃，你会怎么做？我想，最好的办法是到其他地方找食物。

没错，这就是达尔文要说的另一个十分重要的结论。

自然界中的每一种生物，都有某个结构或器官，使之能够躲避天敌或在争夺生存资源上占据优势。

这样的例子在我们的身边随处可见。

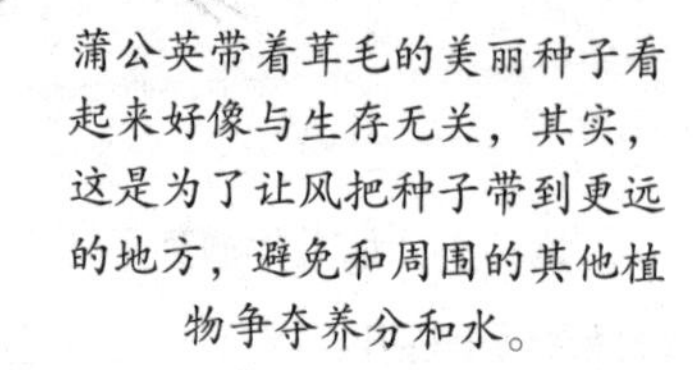

蒲公英带着茸毛的美丽种子看起来好像与生存无关，其实，这是为了让风把种子带到更远的地方，避免和周围的其他植物争夺养分和水。

水生甲虫腿部的特殊构造能够让它们在水里活动，避免成为其他动物的捕食对象。

豌豆的种子中藏着大量养料，这是为了幼苗的生长，以便在生存斗争中获得优势。

所以，我们能够得出如下结论：动植物想要在生存斗争中获取优势，就要有点与众不同的“本事”，反过来说，那些在地球上生存了上千、上万年的生物也都有自己的独特本领，不然早就都灭绝了。

一无所知的人类

对生物了解得越多，达尔文就越发觉得，对于生物之间的相互关系，我们人类实在是无知得可怜。

人的知识就好比一个圆圈，圆圈里面是已知的，圆圈外面是未知的。你知道得越多，圆圈也就越大，你不知道的也就越多。
这就是学海无涯的道理。
芝诺是古希腊著名的哲学家

你们都说得很对，每当我想到所有的生物无时无刻不在我们看不到的地方进行斗争时，总是被生命的力量深深折服，我完全相信，在这无数没有恐惧，没有痛苦的战争中，只有活力旺盛、健康、幸运的生物才能得以生存和繁衍。

这里我要多说几句。19 世纪，西方曾经兴起过“社会达尔文主义”思潮，这种理论认为，自然界中的生存斗争同样适用于人类社会，只有强者才能生存，弱者就应该遭受毁灭。后来，这种思潮被种族主义者、帝国主义利用，他们在世界各地发动战争，掠夺和屠杀殖民地的原住民，这些都是对达尔文思想十分严重的曲解，也是非常严重的反人类罪行。
我明白了，自然界中残酷的生存竞争不能完全适用于人类社会。
是的，一定要记住，我们是人类。

第四章

自然选择

自然选择和人工选择

在上面的内容中，我们已经了解了很多关于生存斗争的知识，也了解了人工选择的魔力，那么，在自然界，这种选择也存在吗？

比起人工选择，自然选择要更实际。“大自然”并不在乎生物的外貌，只在乎某种变异是否利于物种生存。也就是说，大多数人类只关心自己的利益，而大自然关心它的每一个“孩子”。

在大自然中，生物的每个性状都经过了“千锤百炼”，充分适应了生存环境，而人类却把来自不同地区、不同气候条件下的生物放在一起，用同样的方式饲养它们。

在自然界中，公牛往往需要互相争斗才能得到异性的青睐，体质较差的公牛是无法获得交配权的，按照这种方式进行下去，整个牛群的体质会越来越好。可是，人类饲养的公牛却不用争斗，而且，人类也不会清除掉体质较差的家畜。

在人工选择的条件下，物种只有某方面出现显著变异时才会引起注意，进而得到培育，但是，在自然环境中，生物的构造或体质上出现的差异，即使很细微，也有可能会在生存斗争中获得优势而被保留下来。

大自然没有感情，自然选择的原则只有一个：
优胜劣汰，适者生存。

我国有句古话，被用来描述“自然选择”最恰当不过了。

天地不仁，以万物为刍狗。

这句话的意思是，天地对所有生物的态度都是一样的，就像对待草扎成的狗一样，不带丝毫感情。

和人工选择比起来，自然选择的力量更加强大，因为它无时无刻不在发挥作用。大自然就像一个最细心的园丁一样，紧盯着世界的每一个角落，时刻准备剔除不良变异，保留有益的变异。

而且，自然选择几乎无孔不入，它会改变生物的每一个器官，每一个构造，使它们更加适应生存。换一种说法就是，物种被保留下来的变异总是会向着有利于其生存的方向发展。

你有没有想过，为什么食叶的昆虫是绿色的？食树皮的昆虫是灰色的？变色龙甚至能把自己的外表变成深绿、浅绿、紫、蓝、褐等多种颜色？
是为了更漂亮吧？
当然不是，这是为了更好地生存，不被天敌发现。

生物都有“超能力”

在自然选择的作用下，很多动物都进化出了神奇的生存本领，就像“超能力”一样。

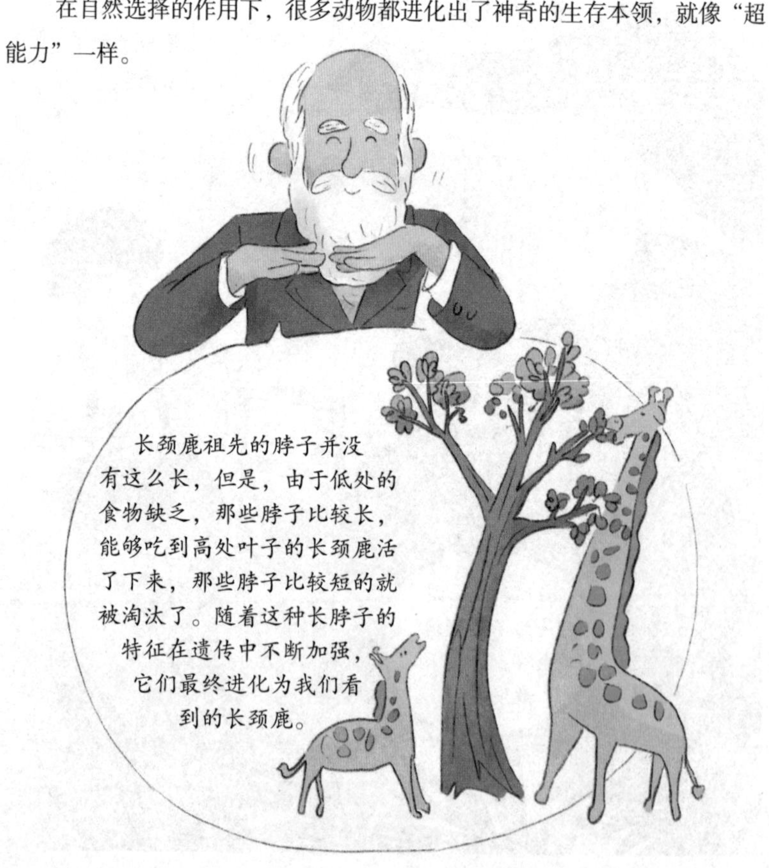

长颈鹿祖先的脖子并没有这么长，但是，由于低处的食物缺乏，那些脖子比较长，能够吃到高处叶子的长颈鹿活了下来，那些脖子比较短的就被淘汰了。随着这种长脖子的特征在遗传中不断加强，它们最终进化为我们看到的长颈鹿。

蒲公英广泛分布于世界各地的温带地区，在野外几乎随处可见。这种植物之所以能够获得这样广阔的生存空间，离不开它们轻飘飘、长着茸毛的种子。只要被风一吹，这些种子就像带上了翅膀一样，会飘到很远的地方，在那里生根发芽。

啄木鸟被称为“森林医生”，因为它们以天牛、透翅蛾、蝽虫等害虫为食，每天能消灭上千只害虫。不过，它们的祖先并没有那么长的喙，头部构造也不适合啄木。后来，在变异和遗传的不断作用下，才有了我们现在看到的啄木鸟。

不要误会，啄木鸟并不是用喙捉虫子的，而是用舌头。它们的舌头很长，舌尖还有短钩，能够把树洞里的虫子钩出来。而且，更奇妙的是，它们的舌头还会在体内绕头骨一周，能够有效防止高速啄木时出现脑震荡。

丰富多彩的自然界中，动物的“超能力”简直数不胜数。蚂蚁能够搬起比自身重几十倍的物体，是当之无愧的“大力士”；蚯蚓就算断成两截，还是能够活下去，是真正的“再生侠”。

这些动植物的“超能力”，都是在大自然严苛的生存环境中练就的，我们能够看到这样丰富多彩的世界，要感谢自然选择。

“纠结”的自然选择

在家养状态下，生命在某个特定时期出现的变异会遗传给后代，并在相同的时期出现。

是不是有点拗口，有点难以理解？我们举例来说。比如，绵羊和牛会在特定的时期长出角，而它们所生育的后代也会在同一时间长出角。也就是说，变异的遗传性不仅体现在外部特征上，也体现在时间上。

在自然状态下，这种情况也会发生。自然选择会对处在任何年龄阶段的生物起作用，使它们在特定的生命时期发生变异，而且，大自然还会把这种变异累积起来遗传给下一代。

比如，蒲公英在成熟之后才会开花，让风把种子带到远方，这就是通过自然选择在特定的生命时期形成的特征。

所以，我们可以得出这样的结论：自然选择在生命的所有阶段都在进行，而它所引起的变异绝对不能有任何害处，否则该物种就会灭绝。

有时候，自然选择也会面临两难的情况。比如，很多动物都是群体生活的，像人类一样具有社会性，在这些动物中，自然选择会让每一个个体的结构更加有利于群体的发展，有时候，这种选择方式甚至会牺牲个体的利益乃至生命。

你知道吗？在我们人类看来，螳螂是一种很残忍的动物。一对螳螂完成交配之后，公螳螂往往要被自己的“新婚妻子”吃掉，这是为了让母螳螂能够更好地繁衍后代。在这个案例中，为了后代的生存，公螳螂甚至愿意牺牲自己的生命，所以说，自然选择也对群体的生存发生作用。
原来动物也有牺牲精神呀。
其实可以这样理解，公螳螂看似牺牲了自己，受益的却是群体中的每一个生命，如果公螳螂没有做出牺牲，那么，这个物种可能早就灭绝了。

好斗的公鸡和开屏的孔雀

你有没有想过这样的问题：

为什么公牛有角，母牛却没有？

为什么雄狮有鬃毛，母狮却没有？

其实，这些也是自然选择的结果，达尔文把这种差别称为“性选择”。

性选择并不依赖于生存斗争，而是依赖于雄性之间为了占有雌性而进行的斗争，结果也往往没有那么残酷无情，失败者一般不会死亡，而是会少留下或者不留下后代，这种选择方式在自然界 十分常见。

公鸡会通过决斗的方式求偶，在决斗中，有力的翅膀和腿距都是最重要的武器，那些弱小无力或没有长腿距的公鸡往往无法留下后代，这也是一种通过“优胜劣汰”来改良物种的方式。

雄性鳄鱼在求偶时，不仅会互相搏斗，还会一边吼叫，一边转着圈在水里游来游去，就像跳着战舞的印第安人一样。

不过，雄性动物们之间的斗争方式非常多，绝不仅仅限于“打架斗殴”。所以，比起自然选择来，性选择往往没有那么残酷，甚至还有点可爱。

在鸟类的斗争中，这种雄性之间的斗争会表现得更加温和而有趣。比如，很多鸟类会通过优美的歌喉去吸引异性；圭亚那的极乐鸟和其他一些鸟类会聚在一起，雄鸟会在雌鸟面前轮番展示它们美丽的羽毛，还会表演一些奇怪的动作。

你在动物园里见过孔雀吧？其实，能够开屏的孔雀都是雄性，雌孔雀的尾羽并不长。孔雀开屏其实是鸟类中常见的求偶炫耀行为。在野外遇到敌人时，开屏还能起到震慑作用。

因此，当自然界中的动物雌雄双方都有一样的生活环境和习性，身体的构造、颜色和装饰却明显不同时，一般都是性选择的结果。在连续不断的繁衍过程中，雄性在防御和进攻手段上的优势，会通过遗传留给它们的后代，这就是性选择的作用。

不过，在一些动物身上，达尔文也发现了例外。比如，雄性火鸡胸前的丛毛，既没有实际用处，也无法作为装饰吸引异性。

狼群的故事

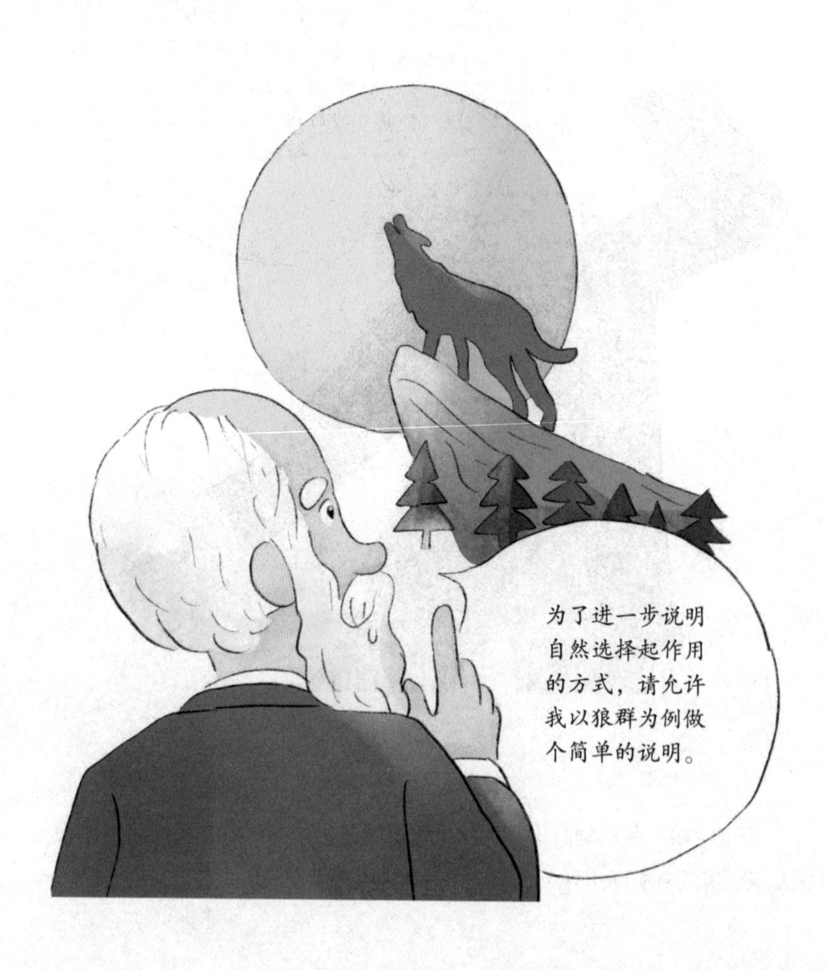

为了进一步说明自然选择起作用的方式，请允许我以狼群为例做个简单的说明。

狼是自然界中最狡猾的动物之一，它们在捕猎时会采用各种各样的手段。有时候，它们会利用速度优势发动突然袭击；有时候，它们会采用四面围捕的方式；在猎杀比自己大得多的动物时，它们还会多路追杀，平行追击，直到猎物筋疲力尽。

现在，让我们假设一种情况：在捕猎最为艰难的季节，像鹿这种敏捷的猎物突然之间增加了数量，或者其他猎物的数量减少了。在这样的情况下会发生什么呢？

不过，达尔文又提出了另一种设想：如果狼窝里有个狼崽，天生就喜欢追捕敏捷类型的猎物，这种情况下又会发生什么呢？

你是说，有只狼崽的性格和大家不太一样？这怎么可能呢！

别急着否定，据我了解，家养动物中也有这样的现象，有的猫爱抓大耗子，有的猫爱抓小老鼠，还有的猫甚至爱抓兔子。

这么说也很有可能，如果真的有个小狼崽天生不同的话，那么，这只狼是最有机会生存下去的。

没错，也就是说，如果某只狼的习性或身体构造发生了细微变化，从而对生存有利，那么，它就是最有可能活下去的，这种习性或构造会遗传给下一代。随着时间的推移，一个新的变种就会产生，而这个变种要么会取代亲本，要么就要与它们共存。

达尔文的这个推论可以通过不同地区的狼群得到证实。生活在山地和栖居在低地的狼，它们捕猎的目标明显不同，这正是因为两个种群不断连续保存最适应于它们生存的变异，最终形成了两个不同的种群。

杂交现象

不过，这里又出现了新的问题：如果两个变种在某个地方相遇，会发生什么事呢？

关于雌雄异体的动物，毫无疑问，它们每次生育时都要进行交配，在这样的情况下，杂交会自然而然地发生。但是，自然界中还存在着很多雌雄同体的生物，它们又是怎样进行交配的呢？

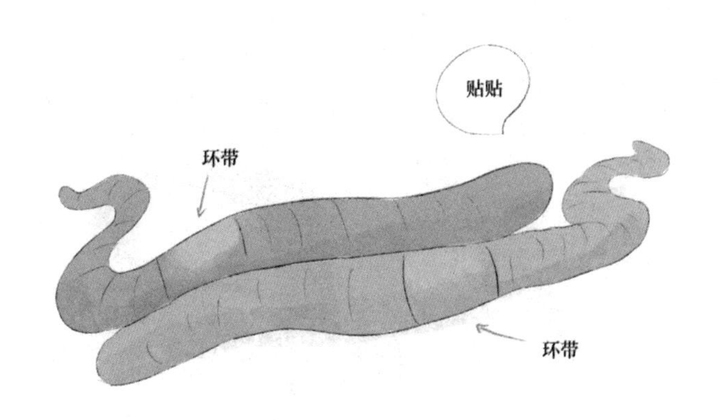

环带是蚯蚓的生殖系统

蚯蚓就是十分典型的雌雄同体动物，它们的生殖方式十分奇特。每当生殖时，蚯蚓们总是成群结队地出现，直挺挺地躺在地上，用身体分泌出来的黏液把彼此牢牢地粘在一起。之后，它们身上的第 15 节就会产卵，而第 9、第 10 两节会吸收这些卵并使它们受精，最后，蚯蚓们会把卵藏在脊部，2 到 3 个星期之后，这些卵就会孵化出来。

说明了这个问题之后，达尔文搜集了很多证据，证明动植物不同变种之间的杂交能够显著提高后代的强壮性和能育性。与此相反的是，如果近亲交配，则会明显降低物种的强壮性和能育性。

我们可以得出一个结论：在自然界中，没有任何一种动物能够通过自体受精而永远地生存下去，杂交是必不可少的。这是一种普遍存在的自然法则。
达尔文的时代，人们虽然发现了近亲繁殖容易出现问题，却没有明白其中的原理。不过，现代基因科学已经证实，近亲繁殖容易造成基因缺陷，导致后代出现各种各样的问题。

在明确了这个法则之后，达尔文提出了另一个更为复杂的问题：植物之间的生殖和杂交问题。

传粉

对于动物来说，求偶和繁衍后代的方式十分明显，我们也很容易理解。不过，对于植物来说，这件事就要复杂得多了。仔细观看一下花朵你就会发现，花蕊上通常都有一些黄色的粉，这就是花粉。

动物分雌雄，花朵也一样。植物在繁衍时，必须把雄蕊的花粉传到雌蕊上，才能结出果实，这个过程叫作传粉。不过，有些花朵是雌雄同株的，也就是雄蕊和雌蕊同时长在一朵花上，这种花叫两性花。有些花是雌雄异株的，这种花叫单性花。在传粉方式上，也有自花传粉和异花传粉的区别。

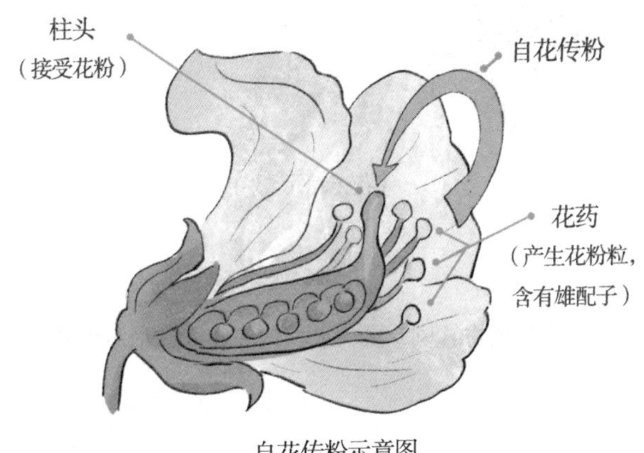

自花传粉示意图

自花传粉指的是植物把成熟的花粉粒传到同一朵花的柱头上，并能正常地受精结实，豌豆花是典型的两性花，它的传粉方式就是自花传粉。

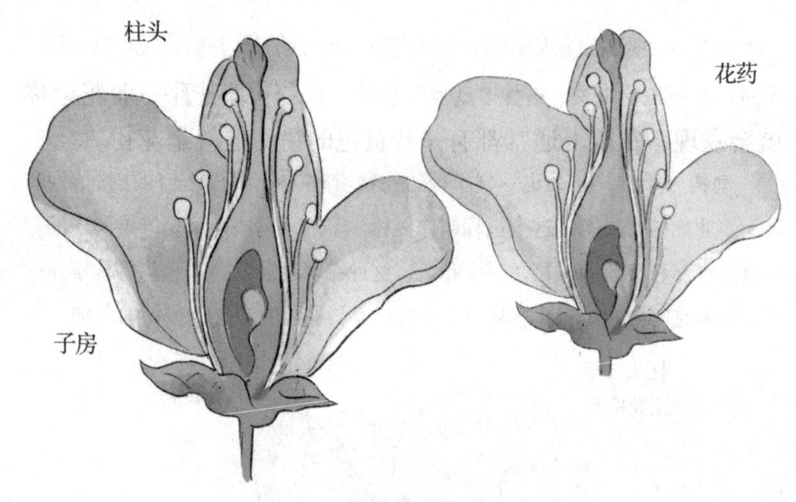

异花传粉示意图

异花传粉指的是植物靠风、虫、水、鸟等媒介，把不同花的花粉传播到雌蕊的花柱上。

自花传粉的植物繁衍后代的效率更高，靠数量在生存竞争中取胜，它们的雄蕊和雌蕊一般都挨得很近，而且会同时成熟，在短时间内完成传粉。为了防止外来花粉“入侵”，有些植物的花朵甚至会把结实器官包起来，比如豆科植物。

与自花传粉的植物相比，异花传粉的植物靠质量取胜。

近亲繁殖会降低后代的强壮性和能育性，动植物不同个体之间的偶然杂交则会达到相反的效果，在自然界中是普遍的规律。我搜集了大量证据，证明动物或植物的不同变种间进行杂交，可以使后代更加强壮。

所以，对于它们来说，最重要的任务有两个：第一，防止自花的花粉掉落在雌蕊上；第二，吸引蜜蜂和蝴蝶来采集花粉，完成传粉任务。

异花传粉的植物有很多精妙的设计，要么粉囊在柱头能受精之前便已裂开，要么在花粉成熟之前柱头就已经成熟了。

第一个问题解决了，现在来看看第二个问题。为了能够更好地完成传粉任务，异花传粉的花朵一般都会盛开，把花蕊暴露出来。除此之外，它们还会散发出一阵阵香味，吸引昆虫来帮助自己传粉。

对自然选择有利的条件

大自然给了所有生物公平的竞争机会，让它们能够通过杂交来促使变异发生，进而不断演化，在残酷的生存斗争中占据一席之地，可是，大自然提供的时间却是有限的。

比如，当狼追赶羊群时，小羊们不可能让狼先等一等，等它们的速度再变快一点；同样，如果狼的速度不够快，等待它们的只有饿肚子一条路。

在这个有限的时间窗口内，生物种群在各自的环境中进行着演化，积累了各种适应性特征，以在生存斗争中取得优势。然而，地球上存在着广泛的生态多样性和地理复杂性，这导致了不同地区的物种可能面临截然不同的挑战和机遇。因此，在广袤的自然景观中，生物体会在各自的领域内取得成功，并在特定的环境中繁衍生息。当不同区域的生物群体在某一时刻相遇时，如在生态学的边界或生境的交会处，会发生一种特殊的生态现象，即生态交互。这时，不同物种可能会相互影响，甚至发生杂交，将各自的遗传信息融合在一起。这一现象为生物多样性和物种演化又添加了一层复杂性。

在一个有限的区域中，如果这个区域还没有被占满的话，自然选择总是会保存那些有利于个体发展的变异，直到整个区域被全部占据。可是，想象一下，在那些十分辽阔的区域中，每个部分甚至可能出现不同的生存环境，如果几个区域同时改进一个物种，这样一来就会形成不同的变种。那么，在每个区域的交界处，杂交也就必然会发生。

即使是那些长期生活在固定区域的生物，也会缓慢地形成变种，随着时间的推移散布到其他区域。只不过，它们的演化速度会慢上很多。

就像我们说的一样，杂交在自然界中起着十分重要的作用。那些通过杂交所生育的后代，在强壮性和能育性方面都远远超过了那些长期自行繁衍而产生的后代，因此，它们在生存竞争中能够占据更多的优势。

如果一个地区被分为若干个相互隔离的区域，那么，自然选择会按照这个区域里的条件来发生作用，生活在这里的生物就会按照生存环境发生相似的变化。同时，隔离也使不同变种之间无法杂交，阻止了外来生物的入侵。

这个小小的区域就像一个“安全屋”一样，有充足的生存空间，生物们能够在里面自由繁衍，并通过不断变异来适应这个空间。

最后，达尔文得出结论：隔离虽然为新物种的产生提供了充足的时间，但是，广袤而连续的开放区域显然对自然选择更加有利。

在与世隔绝的小岛上，生存竞争不够激烈，那里的变异发生得很少，但生物灭绝的情况也发生得比较少。
我懂了，很多事情都有两面性：看起来大有好处的事情，里面也藏着坏处；看起来后果很严重的坏事，里面也藏着好处。
对喽，这就叫“塞翁失马，焉知非福”。

恐龙去哪里了？

你一定知道恐龙吧？这些大家伙虽然曾经统治了地球 1.6 亿年，但仍然逃不过灭绝的命运。如果不是古生物学家努力把恐龙化石拼成全貌，我们都不知道地球上还有过这样的神奇生物。

在家养动物中，灭绝的现象也同样存在，而且速度更快。人类为了获得更高的经济效益，会毫不犹豫地抛弃那些已经“过时”的物种。

在英国的约克郡，古代黑牛被长角牛取代，长角牛又被短角牛取代，现在已经看不到了。

这就是达尔文接下来要讨论的问题：生物灭绝。

通过上面的内容，我们已经知道了自然选择的过程，它会通过保存有利的变异使生物得以延续，因为所有的生物都是按照几何倍数快速繁殖的，因此，每一个地区几乎都充满了生物，在残酷的竞争中，那些不那么强的生物数量就会不断减少。

另外，我们在前面的内容中已经说过，个体数目比较少的物种，在一定时期内产生的变异也比较少，相反，数量比较多的生物，产生的变异也会比较多，这样一来，前者就会被后者打败，失去生存和繁衍的机会，最终消亡。

可以十分肯定地说，稀少就是灭绝的征兆。而且，物种的数量不会无限增加，因为自然界中的位置十分有限。

我们在讲生存斗争时说过，由于构造、体质和习性相似，同类之间的竞争更加激烈，因此，在新物种形成的过程中，那些亲本物种往往会被“斩尽杀绝”。

大熊猫为什么吃竹子？

接下来，我们要讨论另一个问题，也是《物种起源》中最关键的问题之一。

我们已经不止一次地说过，在自然选择的过程中，物种会产生轻微变异，进而产生变种。不过，这些变异只是在某个性状方面产生细微差异，即使这种差异不断遗传，之后又再次变异，与亲本产生更大程度的差异，也不能说明同属之间为什么会出现巨大差异。

你知道吗？咱们的“国宝”大熊猫虽然憨态可掬，酷爱吃竹子，却是地地道道的肉食目熊科动物。和“家族”里的其他动物相比，大熊猫总是显示出一副人畜无害的样子。

同样属于熊科，大熊猫和其他熊类为什么会有这么大的差距呢？为了解决这个问题，达尔文决定从家养动物中寻找灵感。

我们假设有两个人，都是养马的行家：他们一个想让马变得越来越迅捷，给马儿取名闪电；另一个想让马变得越来越健壮，给马儿取名壮壮。在早期挑选马驹时，它们之间的差异可能还很小，可是，在后期培养的过程中，由于两人的培养方式和目的不同，闪电会越跑越快，壮壮则会越来越强壮。随着时间的推移，它们之间的差距会越来越多，这种差异会随着闪电和壮壮的繁衍遗传给后代。经过无数代更迭之后，它们后代的差异就会越来越大，形成两个亚种。再经过几个世纪的培养，它们就成了两个不同的品种了。而早期既不快也不健壮的中间物种就消失了。

中间物种的消失表明，在适应性和竞争中，不具备明显优势的个体可能会逐渐被淘汰，只有那些能够在特定环境下生存并繁衍的个体才能传递其特征给下一代。这种生存竞争是自然选择的一个重要方面，它推动着物种不断进化和适应。

这叫性状分异，物种的各变种之间首先会呈现出一些细微的差异，在自然选择的过程中，这种差异变得越来越显著，使之最终形成不同的物种，这个过程叫作分异原理。

不过，我们都知道，人工选择的目的性很强，人类可以很好地控制物种的变异方向，选择留下自己想要的变异，去除那些不符合自身利益的变异。那么，在自然界，分异原理又是如何起作用的呢？

任何一个物种的后代，如果在构造、体质和习性上越多样化，就越能占据更多的生存资源，数量上也就越多。换句话说，这类物种出现的变异和产生的亚种也就越多。

在习性简单的动物身上，这种差异表现得非常明显。接着，达尔文以肉食的四足兽类为例，讲述了分异原理在自然界中是如何发挥作用的。

我们先来做一个假设：如果一个地区能够负担某种肉食四足兽的能力已经饱和，在这个地区自然环境不发生任何改变的情况下，这些动物该如何生存下去呢？
它们应该会去抢其他物种的食物吧？
这是最有可能出现的情况。只要能够获得食物，它们就会用尽一切办法。不过，这些猎物有的生活在树上，有的生活在水里。所以，随着时间的推移，这种肉食动物的后代在习性和构造方面就变得越来越多样化，占据 的地盘也越来越大。

啮齿目动物是哺乳动物中种类和数量最为庞大的家族，个体数目远远超过其他全部类群数目的总和，几乎遍布世界各地，各种生存环境中都能看到它们的身影。

适用肉食动物的分异原理，也适用于其他动物，植物的情况也是一样。达尔文通过实验证明，如果在一块土地上只播种一种草，在另一块相似的土地上播种几种不同属的草，那么，后者就会产出更大、更多的草。

在农业生产中，有一种叫作“轮种”的生产方式。农民们会在不同的季节种植不同“目”的作物，这样可以提高粮食产量，这也是利用了我们上面提到的原理。

想象一下，自然界中无时无刻不在发生着“轮种”，这是一件多么奇妙、多么神奇的事呀！

归化现象

在生物学上，我们把某个区域内原本没有分布，从另一个地区移入，并能在本区内正常繁衍后代的植物称为归化植物，把这种现象称为归化。你或许会认为，能够顺利归化的植物，一定和区域内的“土著居民”是“近亲”关系吧？不过，达尔文通过研究发现，实际情况却不是这样，这一点阿萨·格雷博士可以证明。

我在美国北部发现了 260 种归化植物，它们分属于 162 个属，更令人惊讶的是，有 100 多个属的植物并不是这里的土著。

通过上面的讨论，我们可以得出这样一个结论：任何一个物种发生变异的后代，在构造上的分异程度越高，就越能在入侵其他生物的地盘时占据有利地位。就像啮齿目动物一样，正是由于巨大的分异程度，它们可以在水里、树上、洞中等各种地方获得食物，而且，它们的食物种类十分丰富，几乎能吃下任何东西并从中获取养分。

接下来，我们要看一张有些复杂的表，这张表据说是达尔文亲手绘制的：

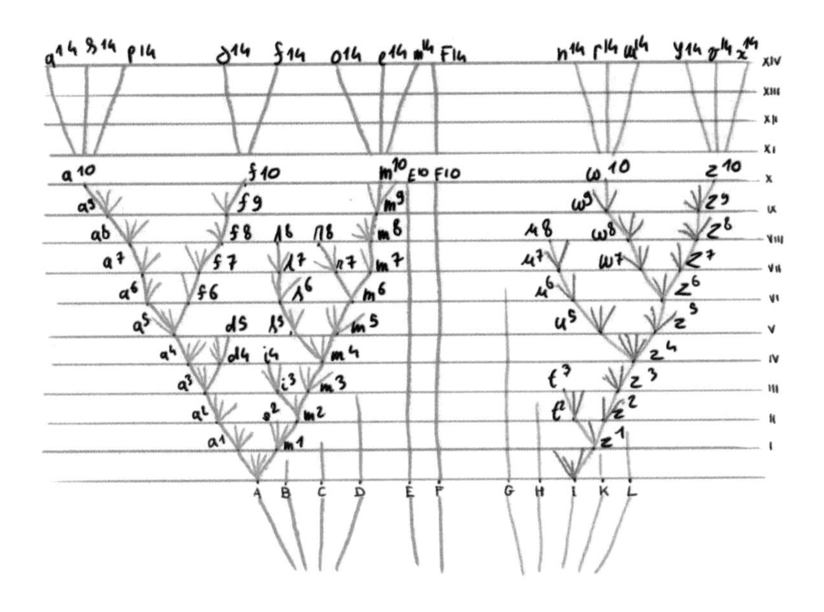

这张表中，从 A 到 L 代表一个地区大属的诸多物种。我们前面说过，比起小属，大属物种更容易出现变异，也更容易产生变种，所以，我们可以假设这个大属中的物种分异化程度很高，换句话说，它们长得一点儿也不像。

观察这张图你会发现，从 A 散发出去的线条非常多，因为达尔文假设 A 是这个大属中出现变异最多、分布最广的物种，这些散开的虚线代表 A 及其后代发生的变异。

接下来，我们假设这些变异不是同时发生的，而且，有的变异被保存了下来，有的则消失了。那些保存下来的变异就是我们说过的性状分异原理作用的结果，那么，表示这种变异的虚线在碰到横向的实线时就会形成一个交叉点，我们就用字母和数字进行标记，代表一个显著的变种。

图中的横线代表时间，它可能是一千年那么久，也可能是一万年那么久。

好了，现在，我们在图上已经看到了很多显著变种，也就是达尔文说的雏形种，我们以 a1 和 m1 为例继续往下看。这两个变种也不断发生变异，进而形成了新的变种，随着时间的推移，越往后，变种和 A 的差异性就越大。

我必须说明一下，这张图只是我的假设，目的是让大家能够更加直观地看懂分异原理，实际上，自然界中的生存和繁衍是一个十分复杂的系统，远远没有表中看上去那么有规律。

我们假设一万代之后，A 产生了 a10、f10 和 m10 三个类型的变种，这三个变种不仅和 A 的差别很大，相互之间的差别也非常巨大，那么，它们就可以被列为不同的物种了，这下你彻底明白了吧？

你一定很好奇，为什么有的虚线会终止呢？其实，只要仔细想一下就能明白，并不是每一个变种都能再次变异的，它们很有可能已经灭绝了。就像我们前面说过的一样，在每一个布满了生物的区域内，不同物种、相同物种的变种之间总是在进行着无休止的生存竞争，所以，表中的很多虚线就这样断掉了。

想一想，A 和早期那些发生变异的物种去了哪里呢？你可能会认为，这些物种一定都被后代取代而灭绝了吧？实际上，现实的情况更加复杂。

一种可能是，如果后代适应了新的生存环境，且与亲本物种不发生竞争，那么它们确实可以共存。这种情况通常发生在不同生态位上的物种身上，它们可以共享资源而不直接竞争，从而在同一生态系统中共存。

另一种可能是，在后代适应新环境的同时，亲本物种可能会经历减少或灭绝。

这可能是因为后代物种具有更适应新环境的特征，导致其在资源竞争中处于有利地位，逐渐代替了亲本物种。

然而，也存在更复杂的情况，即 A 和早期物种的关系可能会受到多种因素的影响，包括迁徙、杂交和共存。有时，物种之间的互动可以导致新的亚种或互补关系的形成，而不是完全灭绝。

总之，生物演化是一个动态的过程，其中许多因素相互交织，决定了物种的命运。这些复杂的相互作用使得生态系统中的多样性得以保持，同时也反映了生物对不断变化的环境的适应能力。

还有一个很关键的问题，从 A 到 a14，中间产生了很多变种，这些变种的身上可能同时存在 A 和 a14 的很多特点，如果这些中间的变种和 A 都灭绝了，我们就没有办法准确知道这个物种的准确演化过程了。

除非能够找到这些中间物种，或者找到它们的化石，否则就不能证明地球上的物种是演化而来的。

物种“一家亲”

接下来，我们来讨论一件十分有趣的事。

除了孙悟空之外，好像没有什么人是从石头里蹦出来的。你一定知道自己的爷爷是谁吧？当然，爷爷也有自己的爷爷，爷爷的爷爷也有自己的爷爷……按照这个思路一直往前追溯，最后，是不是会追溯到地球上第一个人类呢？

不过，人类只是灵长目动物的一种，也是分异原理作用的产物。人类诞生之前，地球上已经生活着很多灵长目动物了，它们也有自己的祖先，植物当然也一样。

我们按照这种方法不断回溯，最终会得出怎样的结论呢？难道说，地球上所有的生物都有一个共同的祖先？

和我得到的结论完全一致，你真是个天才！我们可以用一棵神奇的树来表示生物之间的这种亲缘关系，我叫它“生命之树”。那些干枯的枝丫是已经灭绝的动物，树上的绿芽儿就是那些形成的变种，这些变种会逐渐长大，形成新的物种。我相信，这棵“生命之树”从远古时代就已经存在，并且会代代相传，不断生出美丽的枝条，来装扮我们的世界。

不过，达尔文虽然通过推论证明了“生命树”的存在，但受当时科学技术的限制，还无法绘制出真正的生命树。一百多年来，经过生物学家的不断努力和研究，人类已经把生命起源的时间往前追溯了几十亿年，各类物种也不断被发现，填补在达尔文的“生命之树”上。相信不久的将来，人类一定能够解开生命起源之谜。

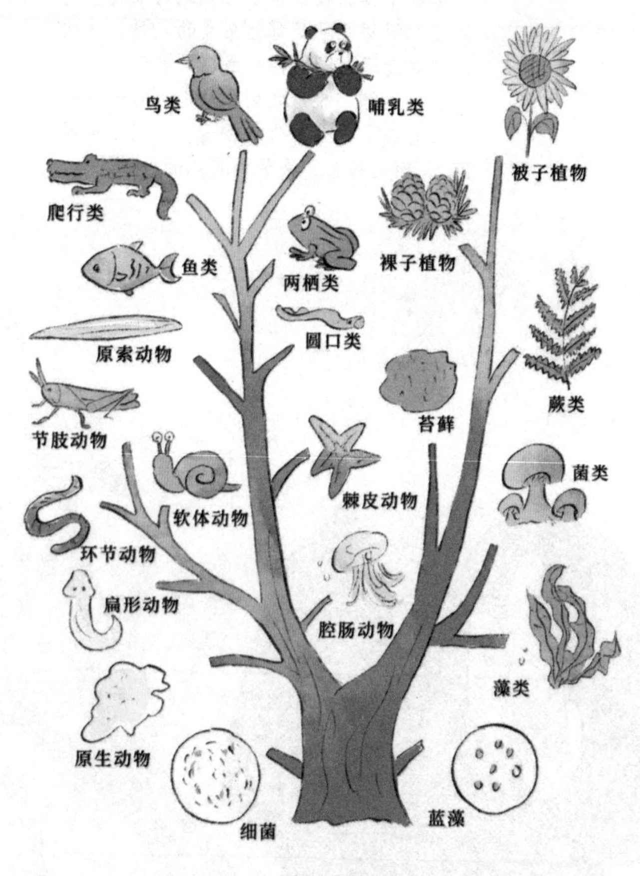

生物进化谱系树

加油，说不定解
开生命起源秘密
的人就是你！

第五章

变异的法则

贝壳与鸟

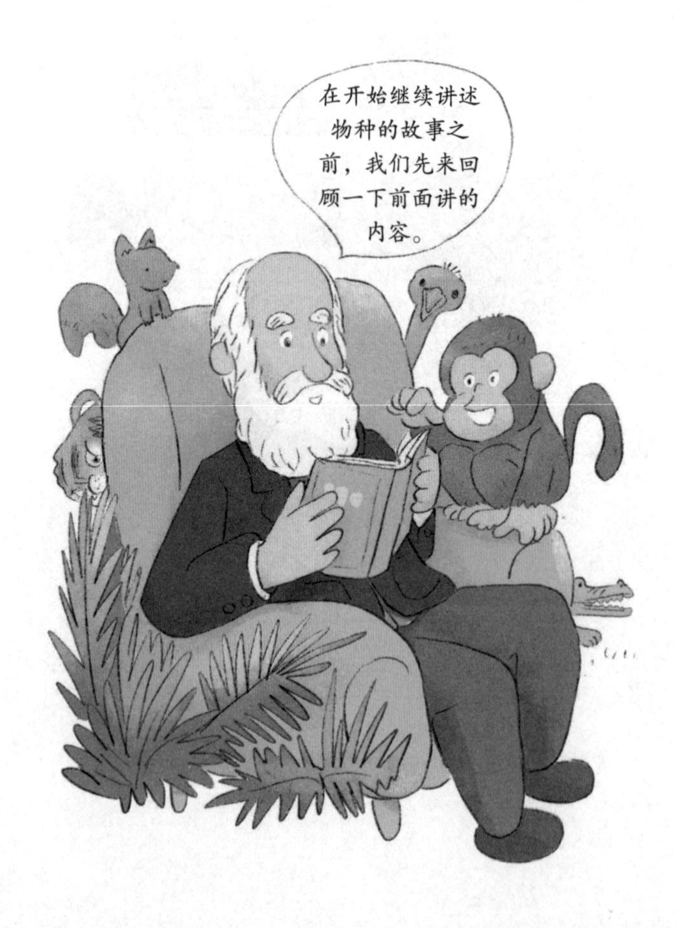

在开始继续讲述物种的故事之前，我们先来回顾一下前面讲的内容。

家养状态下的变异→人工选择→遗传（基因）→保留对人类有益的变异→形成新品种

自然界中的变异→个体差异→生存斗争→遗传（基因）→保留对物种生存有利的变异→形成新物种

我们之前说过，在达尔文时代，人们对于变异的规则知道得很少，似乎发生在生物身上的变异都是随机的。不过，这显然不能使达尔文停下研究的脚步。

我能成为一个科学家，最主要的原因是：对科学的爱好，思索问题的无限耐心，在观察和搜集事实上的勤勉，具有创造力和丰富的常识。

接下来，就让我们一起跟着达尔文的脚步，寻找解开生物变异的“密码”。

当时，有不少博物学家都发现了神奇的生物变异现象。

生长在南方浅水中的贝壳，颜色通常都比较鲜亮。

我们来看看另一种情况。

同样种类的贝壳，生活在北方或深水中的话，颜色就比较暗淡。

鸟类也存在这种现象。

同种的鸟，生活在清澈的大气中颜色就更加鲜亮。

我们来看看另一种情况。

它们如果生活在海岛附近的颜色就比较深。

其实，这样的现象在昆虫、植物身上都普遍存在，也就是说，生存环境的不同影响了生物的某些性状。

通过进一步了解，达尔文又发现了另一个现象：即使是生活在相同条件下的同一个物种，也会产生不同的变种。而有些物种虽然生活在完全不同的两种环境中，却没有产生变异，这又是怎么回事呢？

我认为，生活条件对物种的变异并没有直接作用，而是通过影响生物的生殖系统方面间接发挥作用，接着诱发变异。

不会飞的鸟

解决了环境的影响问题，达尔文又提出了另一个观点：在家养动物中，某些器官因为经常使用而增强或增大了，某些器官由于不经常使用而减弱了，而且，这样的变化是可以遗传给后代的。

在人工选择过程中，用于产奶的奶牛乳房会变得越来越大。

与野猫相比，家养猫的肌肉、牙齿等方面均出现了退化。

那么，在自然界中，情况又是怎样的呢？

生活在南美洲的大头鸭无论怎么努力也飞不起来，它们的翅膀跟家养的鸭子几乎一样。

生活在南美洲的大头鸭无论怎么努力也飞不起来，它们的翅膀跟家养的鸭子几乎一样。

鸵鸟生活在大陆上，也不会飞行，不过，它可以像那些四足野兽一样，踢打那些“图谋不轨”的敌人。

其实，鸵鸟祖先的习性和大雁很像，不过，它们的身高和体重严重“超标”，加之又在自然选择的过程中不断加重，它们开始越来越多地使用腿，减少翅膀的使用，于是再也不能飞了。

“懒”虫有懒“福”

根据上面的例子，我们可以做出这样的推论：物种的某些器官发生变异，是由于长期不使用的缘故。不过，一位叫沃拉斯顿的博物学家却发现了一些特殊的例子。

位于北大西洋中东部的马德拉群岛风光秀丽，景色宜人，植被丰实，生长者特殊的鸟类，从 18 世纪开始，这里就是欧洲人的旅游胜地。不过，这里的甲虫们却显得十分不同。沃拉斯顿发现，马德拉群岛上栖息着 550 种甲虫，而这些甲虫中，有 200 种翅膀残缺无法飞翔。而且，在当地 29 个土著属中，有至少 23 个属的物种全都是这样，为什么会出现这种情况呢？中国有句古话叫“淹死的都是会水的”，这句话放在这些昆虫身上再合适不过了。经过研究，沃拉斯顿发现，不能飞居然成了这些昆虫的“护身符”。

在世界上的很多地方，生活在海岛上的昆虫经常被猛烈的海风吹进水中淹死，然而，每当海风出现，马德拉群岛的昆虫们就会躲在岩石的缝隙中，直到风和日丽才会出去活动。

这些昆虫的情况给达尔文的自然选择提供了充足的证据：在上万年的时间中，那些因为“懒”而飞行较少的甲虫，不会被风吹到海里去，从而获得了更好的生存机会，反而是那些喜欢飞行的甲虫遭遇了灭顶之灾。

你看，自然界就是这么神奇。中国有句古话叫“塞翁失马，焉知非福”，有时候，“懒虫”反而有“懒福”。你看，在这个例子中，甲虫的翅膀就是在自然选择和用进废退的双重作用下失去功能的。

经过进一步观察，沃拉斯顿又发现了一个十分有趣的现象。

这样的情况在自然界中还有很多，比如，在某些洞穴生活的鱼类，如洞穴鮈鱼，它们生活在完全黑暗的环境中，不需要视觉。因此，它们的眼睛逐渐退化和失去功能，成为一个小突起或盲眼。又比如，某些植食性哺乳动物，如食叶动物，它们的食物主要是植物，而不需要利用尖锐的牙齿来捕食，因此，它们的牙齿退化为平坦的臼齿，以适应咀嚼植物纤维，等等。

说到这里，你是不是也发现问题了？我们一开始就说过，马德拉群岛拥有丰富多样的植物和花卉，如果昆虫都不会飞，那么，类似蜜蜂这样，必须依靠翅膀才能生存的昆虫到哪里去了？如果没有蜜蜂，这些花和植物又是怎么生存下来的？不用担心，这个问题达尔文也想到了，经过观察和研究，他发现，这些昆虫的翅膀不仅没有退化，还变得更加强壮了，能够抵御当地的海风。

毕竟，不会飞可是要饿肚子的。

根据这些虫子的情况，达尔文得出结论：岛上昆虫的变异是自然选择和器官不使用双重作用的结果。

首先，自然选择是一种动力强大的过程，它通过筛选有利于生存和繁殖的特征，推动物种朝着更适应其生存环境的方向演化。

其次，器官不使用或逐渐退化的现象表明，生物体在进化过程中会逐渐丢弃对其当前生存环境不再重要的结构或功能。这是一种资源节省的演化策略，允许生物体将有限的能量和营养用于更关键的生存和繁殖需求。

岛上昆虫的案例为我们提供了一个深入理解自然选择和生物适应性变化的示范，也向我们生动地展现了自然选择和器官不使用是如何共同塑造生物体的结构和行为，以使它们更好地适应其生存环境的。

在马德拉群岛上，那些必须在花朵中觅食的昆虫翅膀不仅没有退化，还变得更加强壮了。所以，当一只昆虫来到马德拉群岛上时，自然选择会让它的翅膀变大或缩小。

放弃抵抗，翅膀变小

挑战成功，翅膀变大

抗争失败，失去生命

瞎眼的鼹鼠

有很多动物看上去有眼睛，却看不到任何东西。比如，蝙蝠通常有发达的眼睛，但许多种蝙蝠在夜间飞行时主要依赖超声波来定位障碍物和捕捉猎物。它们的视觉在夜晚并不是主要感知方式。

又比如，某些种类深海鳗鱼拥有微小的眼睛，但它们生活在深不可及的海底，那里几乎没有自然光线。因此，这些鳗鱼眼睛没有进化成为发达的视觉器官，而它们主要依赖其他感觉器官，如电感应器，来捕捉猎物和导航。

有眼睛却不能用，这实在是太奇怪了，通过对鼹鼠的研究，达尔文发现了其中的秘密。

鼹鼠和某些穴居的啮齿类动物的眼睛在大小上是完全不发育的，有些动物的眼睛甚至会被皮毛盖住，这是由于经常不使用的缘故。

在南美洲有一种啮齿类动物，由于长期生活在洞穴中，它们的眼睛甚至是瞎的。达尔文经过解剖发现它们这种情况是瞬膜发炎导致的。

瞬膜也叫第三眼睑，是脊椎动物中的无尾两栖类、爬行类和鸟类特有的一种半透明眼睑，可以起到湿润眼球的作用，我们人类的瞬膜已经完全退化，只好靠眨眼睛来湿润眼球了。

自然界中，类似前面的例子非常多。比如，有些蟹的眼睛已经全瞎了，眼柄却依然存在，就像失去透镜的望远镜一样。而有些洞鼠，它们虽然暂时失去了视力，眼睛却大得出奇，一位叫西利曼的教授认为，如果让它们重新生活在光线下，它们很有可能会恢复视力。

很难想象，对于生活在黑暗中的动物来说，眼睛虽然没有什么用处，但总比没有的强。所以，我认为这种现象是长期不使用导致的。

西方有一句十分著名的谚语："上帝在关上一道门时，必定会为你打开一扇窗。"这些动物虽然失去了视力，但其他部分，比如触角、触须等的作用却得到了增强，以适应黑暗的环境。

其实，早在达尔文出版《物种起源》之前，**法国生物学家让·巴蒂斯特·拉马克就已经提出了物种演化和用进退废原则，因此，他也被称为进化论的奠基人。**达尔文在《物种起源》中就曾多次引用拉马克的著作。

我们中国有个成语叫南橘北枳，意思是橘树生长在淮河以南的地方就是橘树，生长在淮河以北的地方就是枳树。橘子酸甜可口，枳的口感就要差很多了。同样的物种，为什么种在南方和北方会出现这么大的差别呢?

这是因为，橘子一般生长在温暖湿润的气候条件下，而枳子则更适应寒冷干燥的气候。南方的气候通常更温暖湿润，有利于橘子的生长，而北方气候寒冷干燥，适合枳子生长。

橘子对温暖的气温和足够的日照有较高的要求，这些条件在南方更容易得到满足。而枳子对低温适应更强，更能在北方的寒冷冬季生存。

另外，不同地区的土壤成分和质地也有所不同，对不同植物的生长也有影响。

同样的情况在椰子等热带、亚热带植物身上表现得更加明显。你在北方见过椰子树吗？椰子树是一种典型的热带植物，一般生长在低海拔地区，喜欢高温、多雨、有充足阳光的地方，要求全年平均温度保持在 25℃以上，否则就不能正常生长，因此，在我国北方很少能看到椰子树。

可是，松树、银杏、柳树、白桦、榆树等树木却可以同时在南方和北方种植，尤其是松树，甚至能在白雪皑皑的山峰上生长。

因此，物种在自然状态下的分布情况受到气候的限制和影响，不过，很多植物都能很好地适应不同地区的温度，让自己的生存空间扩大。

胡克是著名的博物学家，他曾经在喜马拉雅山的不同高度采集了松树种子，将它们在英国培植，发现它们一样能很好地生存。

动物的情况也同样如此，能够更好适应不同气候的物种，分布范围往往更广，物种数量也更多。

鼠科动物有 500 余种，除了寒冷的南极和北极之外，它们在世界各地都有分布，而且数量极其庞大。

达尔文带你看世界

2 物种演变的奥秘

[英] 查尔斯·达尔文◎著　王阳◎编　凌炳灿◎绘

天津出版传媒集团
天津科学技术出版社

目录 CONTENT

第一章 生长相关性与返祖现象

第二章 过渡物种去哪了

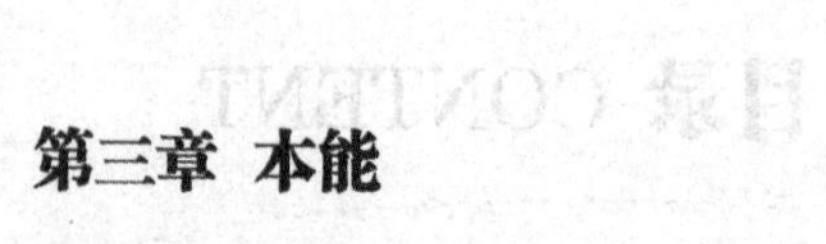

第三章 本能

第四章 狮虎兽与苹果树

第一章

生长相关性与返祖现象

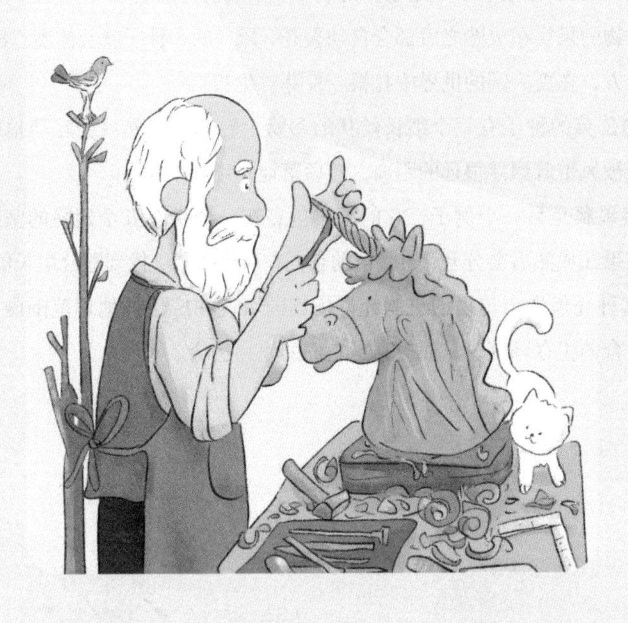

飞向远方

自然界中有很多带“翅膀”的种子。比如蒲公英、枫树、星果藤等。这些植物的果实在成熟之后都会自动裂开，风一吹，种子就会伸展“翅膀”，飞向远方，在更广阔的世界中扎根、发芽、生长。

蒲公英的种子有一个细长丝状的翅膀，它们在成熟后会轻巧地飘在空中，能被风带着飘浮很远的距离，然后落地并生根发芽。

星果藤是另一个例子，它的果实包裹在一个带有五个翅膀的坚果内。这些坚果在成熟后会分开，翅膀帮助它们在风中飞行，找到适合生长的地方。

这种凭借风力传播的机制允许植物的后代在广泛的地理范围内分布，找到适合的生存环境，从而提高了它们的生存机会。

想一想，如果这些树的果实不会开裂，种子还能“远行”吗？

在不裂开的果实内从没见过带翅膀的种子。
这其实很好解释，果实如果不开裂，种子就不能通过自然选择作用而逐渐地变成带翅的。

阿方斯·德康多尔是19世纪瑞士植物学家，著有《植物地理考》，他是第一个探讨栽培植物起源的人。

达尔文把这种现象称为生长相关性。某个物种的远古先祖通过自然变异获得了某种构造上的变异，经过几千个世代之后，它又获得了另一种相关变异，这两种变异都通过遗传留给了后代。

紧接着，达尔文又对这个问题进行了延伸：根据生长相关性原则，如果物种的某个器官出现了变异，其他器官会怎么样呢？

我们换个更容易理解的说法：假设你现在有 100 元，喝饮料需要花掉 20 元，吃饭需要花费 50 元，买玩具也需要花费 50 元，你会怎么做呢？这时，最好的办法当然是减少某一部分的花费。其实，这种选择在物种身上也同样存在。

物种能够获得的养料是有限的，如果过多地输送到某个器官，其他器官的发育就会受到影响，我把这种现象称为补偿法则。

农夫们很难获得一头乳房又大、又长得很胖的奶牛。

为了要在一边
消费，大自然
就不得不在另
一边节约。

歌德是 18—19 世纪德国著名的思想家、作家、科学家之一，在世界文学领域有着十分重要的影响力。

达尔文认为，在补偿法则的作用下，物种总会出现这样的结果：某一部分通过自然选择而发达了，而另一邻近部分却由于同样的作用或不使用而缩小了。换一种说法：物种某部分缩小了，是因为另一部分抽取了过多的养料，而这种变异总是向着有利于生存的方向发展的。

寄生石砌属（Proteolepas）是蔓足类生物，与同类生物拥有坚硬的背甲不同，由于它们寄生的生活方式，背甲在漫长的时间中已经退化了。

自然选择就像个十分精密的显微镜。某个物种的生活条件改变之后，如果原先有用的构造变得没有什么用处了，它就会被自然选择抓住，在发育的过程中不断萎缩，这样可以防止有限的养料被用到无用的构造上造成浪费。

就像达尔文说的，当生物体的某种构造变得多余时，自然选择就会成功地削弱或简化它，反之也一样：自然选择也可以成功地强化某种构造，而不用通过削弱其他构造作为代价。

容易变异的器官

好了，现在，让我们先来思考一个问题。想象一下，你有十块饼干，却只有一块巧克力，对你来说，哪个食物的重要性更高、更加珍贵呢？显然是巧克力，而饼干因为数量比较多，所以即使吃掉或送给别人也不会感到可惜，这样的原理在物种变异上也同样起着重要的作用。

一般来说，同一个生物体内的不同部分或器官之间的差异可能是因为它们执行不同的功能或受到不同的环境因素影响所致。这些差异可以在基因水平、生理结构、形态特征等方面表现出来。

比如，我们常说“世界上没有完全相同的两片叶子”，在同一株植物上，位于不同位置的叶子可能具有不同的形状、大小和纹理。这些差异可能是由于叶子受到阳光照射、风力、水分和养分供应等因素的不同影响的缘故造成的。某些叶子可能更大更宽，以便在光照较少的地方更好地吸收光合作用所需的光线，而其他叶子可能更小更窄，以减少水分蒸发。

蛇的椎骨就是一个器官重复多次最典型的例子，达尔文把这种现象称为生长的重复。

大体上讲，哺乳纲下的动物无论怎样变异，总会有两只眼睛、一个鼻子和一个嘴巴。

除此之外，在自然选择的过程中，低等生物总是比高等生物更容易出现变异。

这里需要强调的是，所谓的“低等生物”是一个在动物学上的分类概念，通常指的是没有高度专门化结构的生物。这意味着它们的身体结构相对较简单，器官通常用于执行多种不同的功能，因此更容易出现变异，就像一块橡皮泥，可以被塑造成各种形状。

在低等生物中，同一组织或器官通常具有多重功能，这种多功能性可以在不同的环境和生活条件下提供灵活性和适应性。比如，一些原始的多细胞生物可能使用同一组织来进行摄食、感知环境和运动，这些功能都依赖于相对简单的器官和结构。

然而，在高等生物中，通常会有更多的器官出现专门化，每个器官都具有特定的功能，并且其结构和组织通常高度精细化，以执行特定的任务。这种器官的专门化有助于高等生物在更复杂和多样化的生态系统中占据特定的生态位，并执行特定的生存策略。

我还是不太理解。
现代动物学把身体结构复杂、组织和器官分化显著并具有脊椎的生物称为高等生物，达尔文说的其实是组织和器官有没有显著分化。低等动物包括海绵动物、腔肠动物、棘皮动物、软体动物等20个左右的动物门，是个十分庞大的群体。

海星是棘皮动物门的一种，它们的身体构造相对简单，但却能高度适应海洋生活。海星的身体呈辐射对称，通常由一个中央盘和五条腕组成，看起来像是五角星一样，这也是它们得名的原因。

中央盘是海星最重要的结构，就像我们人类的大脑一样，是整个身体的指挥中心，连接着所有的器官和组织。

从这个中央盘辐射出去的是若干条腕（通常是五条），就像我们人类的四肢一样，这些腕覆盖着一层密密麻麻的细小吸盘。通过吸水管、环水管和放水管，海星可以通过与海水交换来产生水压，使海星的吸盘伸缩，从而实现运动，抓捕猎物或者附着在海中的礁石上。

海星的眼点位于腕的皮肤上，通常呈红色或橙色。虽然它们不是真正的眼睛，但可以感知光线和阴影变化，帮助海星感知环境。

海星的嘴位于底部，通常位于身体的正中央。嘴通向消化系统，其中消化腔负责消化食物。消化系统包括消化腔和连接到各臂的消化管。海星通过其腕部对猎物进行捕捉和进食，然后将食物消化吸收。海星的生殖器官位于中央盘，具有雌雄同体的特征。它们可以进行有性和无性生殖，实现繁殖。

海星的外部由一层细胞薄膜覆盖，保护其内部结构。这也是呈现不同颜色和纹理的部分。

人类是地球上最高等的动物之一，其身体结构和器官复杂多样，每个器官都发挥着特定而关键的生理功能。比如，心脏的主要功能是泵血，将氧气和营养物质输送到全身的组织和细胞。

肺是呼吸系统的一部分，负责吸入氧气，将其传递到血液中，并排出二氧化碳。大脑是中枢神经系统的主要组成部分，负责感知、思考、学习、记忆和决策。它控制身体的运动、协调各种生理过程，以及处理感觉信息。

肝脏是人体最大的内脏器官，执行多项关键任务，包括代谢、排毒、产生胆汁、储存能量和合成蛋白质……人类各个器官之间相互协作，构建出一个复杂而高效的生理系统，使我们能够适应多种环境条件、保持健康并进行智能思考。这个复杂性是自然界中高等动物的标志，使我们在生存竞争中处于优势地位。

另外，达尔文还发现，已经出现退化的器官也极容易变异。

我还是不太懂。
人体有一种叫阑尾的器官，对于我们的祖先来说，它能够帮助身体消化植物中的过多纤维素。不过，随着人类饮食结构的变化，阑尾慢慢就变得“多余”了，属于退化器官，而它发生病变的概率也很大，这就是很典型的例子。

接下来，我们来
看另一种情况。

达尔文把同一属的物种彼此相似的，但区别于其他属的特点称为属的特性，这些共同特点都遗传自祖先，不会发生显著变异。**而同一属中某一物种区别于其他物种的特点被称为种的性状，也叫副性征，这些性状往往更加容易发生变异。**

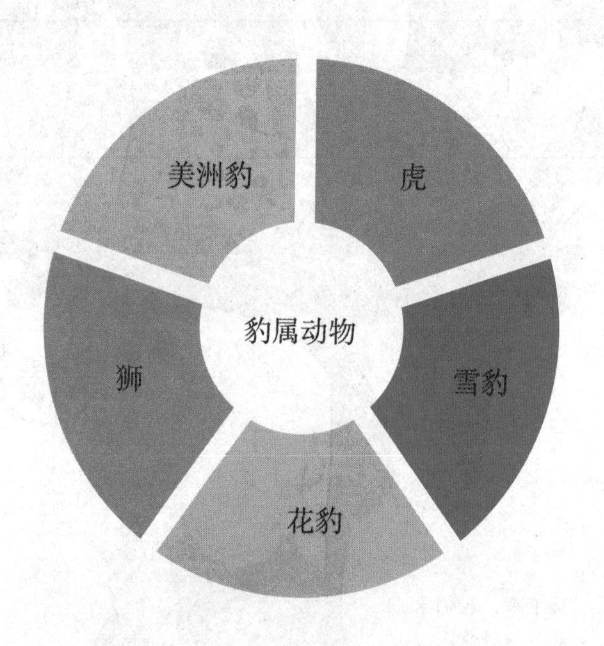

豹属动物是食肉目猫科下的一属大型动物，包括狮、美洲豹（美洲虎）、花豹、虎、雪豹 5 种。它们都有庞大的体型、锋利的牙齿、迅捷的动作，以肉食为生，可以说是各自生活地区的“王者”。不过，只从外表来看，我们就能把不同的动物轻易区分开来，这就是达尔文说的“种的性状”。

返祖现象

摸一摸你脊柱的尾端，你会发现那里有一个小小的凸起，它就是尾骨，也就是我们人类进化之后“尾巴”所残留的部分。大约在3000万年前，我们的祖先逐渐“抛弃”了尾巴，学会了直立行走，可是，一直到现在，极少数的婴儿在出生时竟然还会出现尾巴，这就是所谓的“返祖现象”。

其实，返祖现象在所有物种身上都有可能出现。比如，现代马只有一个脚趾，不过，它们有时候也会多长出一个，这也是典型的返祖现象。化石表明，马的祖先有五个脚趾。

返祖是生物学中一个十分有趣的现象，它进一步验证了达尔文的自然选择理论的正确性。返祖现象指的是后代物种或个体在性状上呈现出与祖先相似的特征，而这些特征在中间代的物种中通常已经丧失或减弱。

这一现象揭示了自然选择的重要概念，即在不断演化的过程中，某些特定性状在适应新环境或生存策略的同时可能会发生变异和损失。然而，这些性状的基因信息并未完全丧失，而是存储在物种的基因库中。当环境条件再次变化或需要某些特定特征时，这些基因信息可以重新表现，导致返祖现象的发生。

比如，许多鱼类的返祖现象表现为在适应深水生活或洞穴生存后，某些物种或个体重新表现出原始的眼睛或颜色特征。这种现象可能与环境变化或遗传多样性有关，但它再次强调了自然选择在物种的长期适应性演化中的重要作用。

除了我们所说的例子之外，返祖现象在自然界中并不鲜见。

鲨鱼类中有一种叫作翼鳍鲨的物种，它们的鳍上具有鳞片，类似于鱼类。这种特征被认为是一种返祖现象，因为鲨鱼是软骨鱼类，而且它们通常没有鳞片。

南极鱼是一种生活在极端寒冷环境下的鱼类，但它们的祖先可能生活在更温暖的海域。一些南极鱼在进化中表现出了返祖特征，如发展出有颜色的皮肤和较大的眼睛，以适应光照不足的环境。

返祖现象不仅证明了达尔文的自然选择理论的正确性，还突显了生命多样性和适应性的复杂性。它提醒我们，生物界中的每一种生物都是演化历史的产物，其基因携带着丰富的遗传信息，可以在不同环境条件下重新表现。

达尔文也在鸽子身上发现了类似的情况。

你一定很奇怪，达尔文是怎么知道鸽子出现了返祖现象吧？其实这也是一种推论。我们知道，变异是在漫长的时间中逐渐产生的，而一次简单的变异，不可能一下子出现这么多不同的颜色，因此，达尔文才得出这样的结论。

经过长期观察和研究，达尔文发现了返祖现象的规律：某一品种与另一个品种杂交一次，它的后代在之后的很多世代中，都会偶尔表现出返祖现象。

在达尔文生活的时代，由于受科学发展程度的限制，人们还无法得知为什么物种会出现返祖现象，直到基因科学出现之后，这个谜题才逐渐解开。

接下来，我要列举一些奇特的例子，它们也属于明显的返祖现象。

一般来说，斑驴身体上长有和斑马类似的条纹，而腿和后半身却没有。不过，看看我画的这张标本图，从图中可以看到，它的后足踝关节出现了斑马状条纹，而且非常清晰。

植物学家阿萨·格雷博士是哈佛大学教授，也是达尔文的好朋友。

斑驴隶属于脊索动物门哺乳纲奇蹄目马科。这种动物生活在非洲南部，前半身像斑马，后半身像驴，不过现在已经灭绝了。

另外，达尔文还收集了很多马的例子。这些马虽然品种不同，颜色也不一样，它们的脊上却都长着条纹，一般来说，暗褐色和鼠褐色的马腿上还经常长着横条纹。达尔文的儿子在观察了一匹马之后，还帮他画了一张草图，图上的马双肩和腿部都生有条纹。

另外，印度西北部有一种开蒂瓦品种的马，脊背、腿上和肩上也大都生有条纹。这些条纹往往在幼驹身上比较明显，而在老马身上有时则会完全消失。

我想说，我已经搜集了非常多腿上和肩上都生有条纹的马的例子，它们品种各异，来自世界各地。这些条纹最常见于暗褐色和鼠褐色的马。

对于这件事，有位叫史密斯的上校曾经写过专著。他相信，马的几个品种有一个共同的褐色、有条纹的祖先。不过，达尔文对这个结论不太满意，因为这些品种的马分布范围实在太广，品种也五花八门，很难这样简单解释。不过，可以确定的是，这些变异大多都属于返祖现象。

骡子和马

马、骡、驴都是马属下的种。

中国有句俗语叫“是骡子是马拉出来遛遛”。骡子和马体型类似，本领却不一样：骡子吃得少，走得慢，但是负重大；马吃得多，跑得快，但是负重少。但是，在“身价”上，骡子要比马差得多。更有意思的是，骡子是马和驴杂交产下的，由公驴和母马所生的杂种是马骡，由公马和母驴所生的杂种是驴骡，骡是没有生育能力的。

公驴 + 母马 = 马骡
公马 + 母驴 = 驴骡

我们怎么长得不像呀？

美国一些地方的骡子的腿上都有部分条纹。

达尔文曾见过一匹骡子，腿上布满条纹，像是斑马的杂种后代。

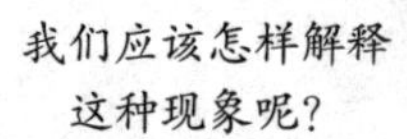

这是不是说，把时间追溯到千万代之前，家养马的先祖就是一头有斑纹的动物？

小结

在这个章节中，我们跟着达尔文一起了解了动物的变异法则。怎么样，是不是感觉有点乱？没关系，接下来，我们来一起回顾一下本章内容。

必须承认一个问题，对于变异的法则，我们现在还知之甚少。不过，可以肯定的是，无论是家养物种还是自然状态下的物种，都会受到某种法则的支配。

- 用进废退：经常使用的器官会不断增强，不用的器官会出现退化。
- 变异的相关性：物种的某种变异往往会引起其他构造或结构的变异。
- 具有相同作用的重复构造在数量和结构上都容易发生变异。
- 低等生物与高等生物相比更易发生变异。
- 退化的器官更容易发生变异。
- 种的性征比属的特点更容易发生变异。
- 物种会出现返祖现象。

无论物种身上出现什么样的变异，都是在自然选择的过程中逐渐积累出来的，正是因为这个原因，我们才能看到如此丰富多彩的物种，最终，只有适应了环境和竞争的物种才能获得生存的权利。

第二章

过渡物种去哪了

达尔文的困扰

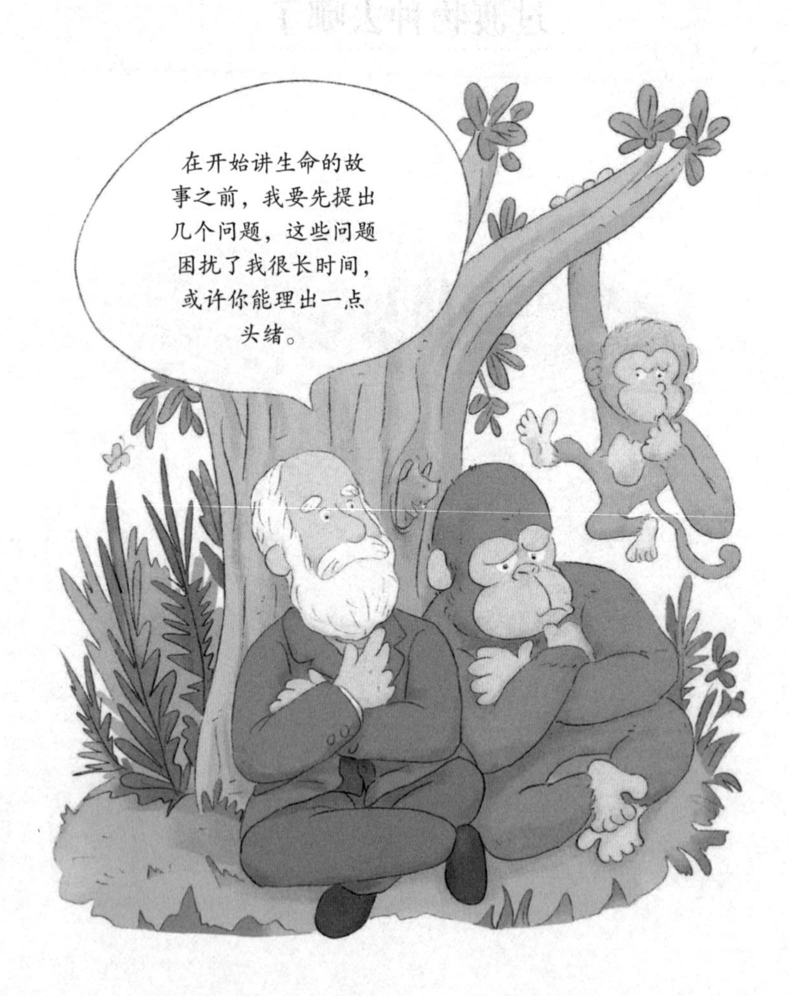

在开始讲生命的故事之前，我要先提出几个问题，这些问题困扰了我很长时间，或许你能理出一点头绪。

● 如果物种真的是由细微的变异逐渐演变而来的，那么，两个物种之间应该存在着过渡物种。地球上的生命如此丰富多彩，按理说，我们在生活中应该可以看到不计其数的过渡物种。可是，实际上，我们所见到的生物大多泾渭分明，整个世界也显得如此有序，那些过渡物种都去了哪里呢？

● 某个物种如果真的是由自然选择演化而形成的，那么自然选择怎么会一方面产生出无关紧要的器官，另一方面又创造出复杂、精妙无比的器官呢？比如，长颈鹿的尾巴只能驱赶蚊蝇，而它们的眼睛却是如此复杂而完美。

● 生物本能是通过自然选择获取的吗？会不会随着环境的改变而发生变化？比如，蜜蜂们筑的巢是如此完美，如此精确，这真的是自然选择的作用吗？

● 物种之间杂交产生的后代往往无法生育，可是，变种之间进行杂交产生的后代又往往具有可育性，这个问题又应该怎样解释呢？

接下来，就让我们跟随达尔文的脚步，看看他是怎样解决这些问题的。

过渡物种去了哪儿

根据我们之前说过的理论，自然界无时无刻不在进行着生存斗争，而且，每一个新的变种都倾向于消灭亲本物种后取而代之。

整个自然界就像一个巨大的生态工厂，亲本物种被放进加料口，生产线上摆满变异物种，不断进行着生命的试验和创新。在这个生态工厂中，亲本物种的遗传信息在每一代中得以传递，但也容许了一定程度的变异。这种变异可能是因为基因突变、遗传重组或环境诱发的响应。每一次变异都代表了一次“实验”，一个新的可能性，都可以说是自然界的一次创新尝试。

这些变异物种在生产线上排成长队，等待被自然选择。只有那些拥有最适应当前环境的特质的生物，才能通过这个严格的筛选过程。它们将生存下来，繁衍后代，并将自己的优势特质传递给下一代。这就是自然选择的精髓，通过时间的考验，每一代生物都变得更适应其所处的生态位。

就像我们看到的那样，如果把每个物种都当作从亲本物种演变而来的话，那么，一般来说，正是这个物种导致了亲本物种和过渡类型的灭绝。如果我们的理论成立，那么，地球上一定有很多过渡物种生存过，而我们应该能够在地壳中找到它们。

这是人类的简易演化过程，中间的每个物种都可以当作过渡物种。

那么，什么是过渡物种呢？

过渡物种是生物演化中的关键概念，它们具有特殊的地位，因为它们在演化历史中连接了两个不同的物种，显示了生物演化的渐进性和连续性。过渡物种通常具有介于两个不同物种特征之间的特征，可以帮助科学家更好地理解演化过程。举个例子，让我们来看看已知的过渡物种之——露西（Lucy）。露西是一只古代人类物种的化石，生活在大约 400 万年前。露西的化石在埃塞俄比亚被发现，她之所以成为过渡物种的代表之一，是因为她具有介于灵长类动物和现代人类之间的特征。

以下是露西的一些使她成为过渡物种的特点。

直立行走：露西的骨骼显示她能够直立行走，这是现代人类的特征。这表明她的物种已经开始摆脱四肢爬行，朝着两足行走的方向演化。

大脑容量较小：露西的头骨显示她的大脑相对较小，更接近灵长类动物的大脑容量。然而，这也反映了她们的大脑正逐渐扩大，走向更大的脑容量，这是现代人类的特征之一。

牙齿结构：露西的牙齿结构介于灵长类动物和人类之间。她的牙齿表明她的食物习惯逐渐从灵长类动物的食物习惯向更接近人类的食物习惯演化。

不要小看过渡物种问题，在当时的情况下，如果达尔文找不到证据，他的理论就有可能会被推翻。
可是，现在博物馆不是有很多生物化石吗？
是呀，在达尔文之后的150多年时间中，有大量古生物学的发现，这才证明了达尔文的推论。

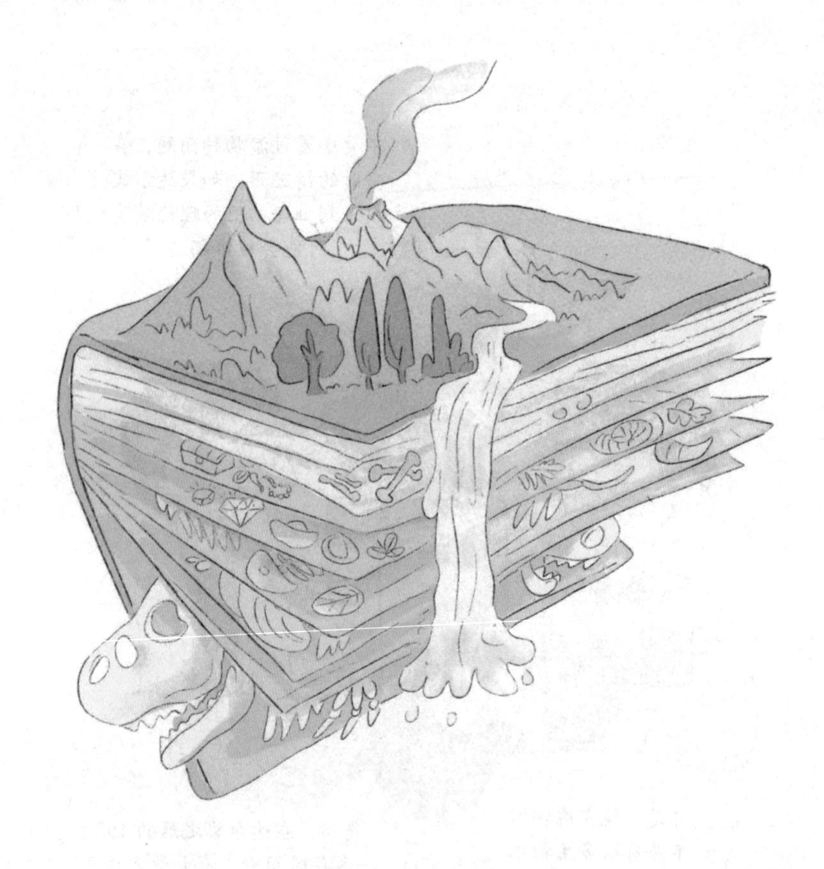

我们地球的地质层中埋藏着很多生物化石，就像一本厚厚的古生物百科全书一样。

对于“过渡物种去了哪儿”这个问题，达尔文给出了自己的解释。他认为，之所以没有发现那么多过渡物种，是因为地质记录的不完整性。

某种生物死亡后要形成化石，需要满足十分严格的条件，是十分稀少的偶发事件。

- 死亡的生物必须被马上掩埋起来。
- 掩埋它的沉积物必须有足够的厚度，以经受漫长岁月的考验。

对于这个问题，我们在后面的故事中还会详细讨论。

地质运动

可是，上面的这些推论只能解释生物化石的问题，无法解决另一个问题：当几个亲缘关系密切的物种栖居在同一地域时，我们应该能够发现很多类型的过渡物种。

根据我的理论，在两个区域相交的位置，应该发现过渡物种才对，可是，实际上，我什么也没有发现。

当我们在一片大陆上旅行时，一般会在连续的各段地区见到亲缘关系密切的物种。在两个物种的过渡区域，我们会发现一个现象：当一个物种变得稀少时，另一个物种就会变得越来越多，直到取代前一个物种。如果我们把这两个物种放在一起比较的话，会发现它们的构造完全不同。

这个问题困扰了达尔文很长时间，看看他是怎么解释的吧。

板块运动是使地壳表层发生位置移动，出现断裂、褶皱以及引起地震、岩浆、火山活动和岩石变质等地质作用的总原因，这些地质作用总称为内力地质作用。

在这个由于大陆板块移动形成的岛屿上，不同的物种有可能是单独形成的。

就算是现在看起来连接在一起的大陆和海洋，在更早的时候也有可能是隔绝状态。

1912 年，德国气象学家、地球物理学家阿尔弗雷德·魏格纳正式提出了大陆漂移假说。他根据大西洋两岸，特别是非洲和南美洲海岸轮廓非常相似，结合其他资料，认为全世界的大陆在很久以前原本是一个整体，周围是辽阔的海洋，后来才慢慢分裂漂移，形成了现在的七大洲。后来，地质学家在板块漂移假说的基础上发展出了板块构造学。

袋鼠就是澳大利亚和巴布亚新几内亚部分地区特有的动物，在其他地方的自然环境中根本看不到。

从另一个方面，我们也
能解释找不到过渡物种
的原因。

● 几乎所有的物种都要捕食其他物种，要么被其他物种捕食。

● 任何地域的生物分布范围都会受到地理条件、气候的限制。

● 每个物种的分布范围都会受到其他物种分布范围的影响，这是一个生态系统。

● 分布在边缘的物种会因为个体数量较少或其他原因遭遇灭顶之灾。

● 所以，物种的分布在地理上有明显的界线，难以找到过渡物种。

羊的故事

根据上面的原因，达尔文得出了一个结论：任何个体数目较少的物种比起数量较多的物种，都会遭遇更多的灭绝机会，因此，在这样的情况下，过渡类型很容易被两边都具有亲缘关系的物种灭绝掉。另一方面，个体数目较多的类型，更容易出现有利于生存的变异，获得更多的生存机会。

假设某地的牧民饲养了三种绵羊：第一种更加适应山地的生存环境；第二种适应较为狭小的丘陵地带；第三种适应山下广阔的平原。想一想：在这三种情况下，绵羊分别会产生哪些特点？哪种绵羊会获得生存优势呢？

首先，山地羊适应了高海拔的山地环境，可能具有更强的抗寒性和山地生存技能。它们可能拥有更强壮的身体结构、更长的毛发，以抵御寒冷的气候。这种适应性使得山地羊在高山环境中有更好的生存机会。

其次，丘陵羊在相对狭小的丘陵地带生活，体型可能更小、机动性更强，适应丘陵地区的特殊地形。它们可能具有更灵活的行动能力，有助于在这种复杂地貌中寻找食物和躲避潜在的危险。

最后，平原羊可能是更大体型的品种，适应山下广阔的平原地带。它们可能有更高的繁殖率，以适应这个相对较为丰富的生态系统，并且可能有更强的社交结构，以处理更大的群体。

地区更广、数量更多的山地羊和平原羊可能会在培育更优质的品种方面具有优势。这是因为它们在适应性方面具有更大的潜力，更多的生存机会，从而更容易培育出具有理想特征的个体。与此同时，丘陵羊所处的狭小空间限制了它们的基因流动和适应性，可能导致它们的品种逐渐衰退。

总而言之，达尔文认为，物种在任何一个时期都会呈现出界限分明的有序状态，并总结出了以下四个原因。

- 变异是一个十分缓慢的过程，自然选择只在出现有利的变异、有空余的生存空间这两个条件得到同时满足的情况下发挥作用。因此，实际上，在任何一个地方，任何一个时间，少数物种都在进行着细微的变异，只是变异的程度太小，我们难以发现。
- 现在我们看到的连续地域曾经被分隔为不同的部分，物种形成了固定的生存区域。
- 当两个或两个以上的变种在连续地域的不同部分形成时，很可能中间也出现了一些过渡物种，但它们存在的时间很短。
- 过渡物种存在于化石中，而化石被保存在不完整的地质记录中。

怎么样，达尔文的观点有没有说服你呢？

其实，随着生物学、地质学和考古学等学科的发展，达尔文的大部分理论都已经被证实了，科学的发展就是这样艰难而漫长的过程，而那些走在时代前列的人，往往需要巨大的勇气，还会面临无数的攻击和质疑。
在科学研究中，是允许创造任何假说的，而且，如果它说明了大量的、独立的各类事实，它就会上升到富有根据的学说的等级。

蝙蝠的翅膀

在北美地区生活着一种水貂，它们的脚上长着蹼，皮毛、腿和尾巴都跟水獭长得非常像。

每到夏天，这种动物就会到水里捕食，但是，一旦进入漫长的冬季，它们就会离开冰冷的水中，像臭鼬一样捕食鼠类和其他小动物。

其实，这正是达尔文面临的又一个质疑：如果他的理论是正确的，那么一个水生生物是怎么转变为陆地生物的呢？另外，达尔文曾经提到，蝙蝠是由一种食虫的四脚兽演化而来的，它们又是怎么长出翅膀的？如果无法证明这样的问题，他的理论还是无法说服众人。

这对我来说并不难，来看看我搜集到的松鼠科动物的例子。

松鼠科的尾巴很大，有的种类的尾巴甚至会呈现扁平状，它们身体的后部相当宽阔，身体两侧的皮膜也非常大。

鼯鼠也叫飞鼠，是一种生活在森林中的动物，它们可以借助飞膜在树林间快速滑行。

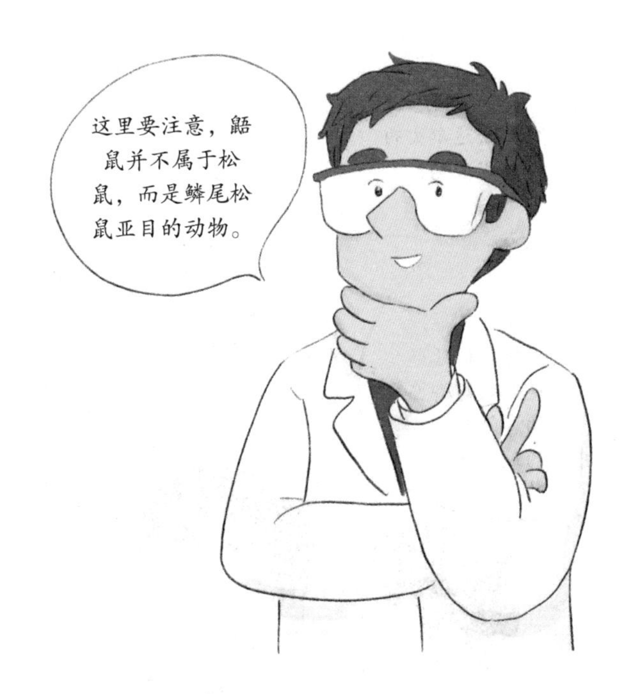

这里要注意，鼯鼠并不属于松鼠，而是鳞尾松鼠亚目的动物。

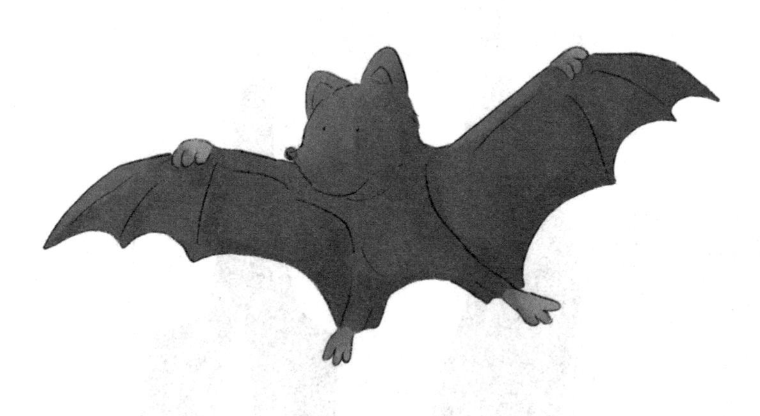

蝙蝠可以借助翅膀飞行。

你明白达尔文的意思了吗？
我懂了，达尔文是说，蝙蝠很有可能是松鼠那样有着大尾巴的四脚兽进化产生的，鼯鼠就是它们中间的过渡物种！
没错。不过，达尔文只是提供了一种可能的思路。准确地说，对于蝙蝠的祖先是谁至今仍然存在争议。不过，目前发现的最早蝙蝠是生活在距今 5300 万 ~3650 万年前的伊卡鲁斯兽，而且，我们还可以给达尔文提供另一个证据。

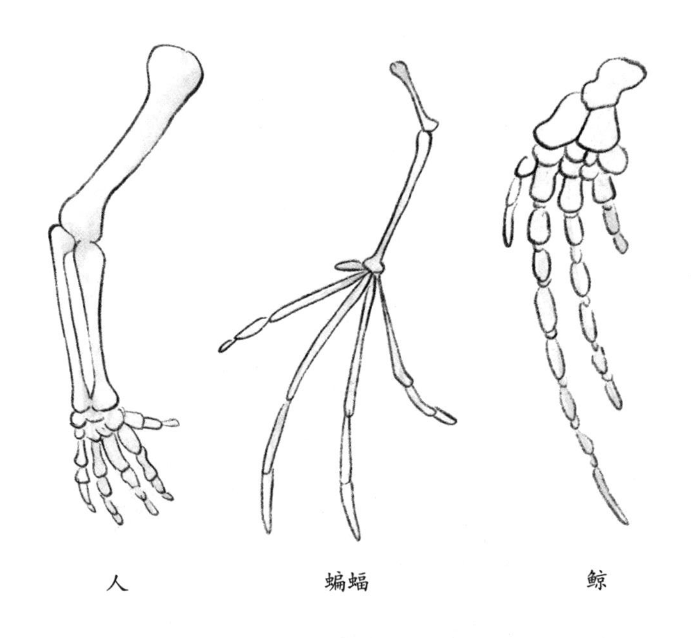

仔细看，图中人类的手、蝙蝠的翅膀、鲸鱼的胸鳍结构是不是特别像？这种器官叫作同源器官，也是进化论的直接证据。

那么，陆生四足兽为什么会离开陆地，飞向天空呢？达尔文提出了自己的观点。

我们来假设一种情况：在残酷的自然选择中，假如某地的自然环境发生了变化，一部分新的物种迁徙了进来，那么，这里原有的松鼠就会面临食物不足的问题，除非它们的身体构造发生变化。在这样的情况下，两侧皮膜越来越大的个体就越容易生存下来，这种特征也会在遗传的帮助下留给后代，久而久之，就出现了鼯鼠。
那得多久呀？
生物演变是一个极其漫长的过程。宋代大文学家苏轼写过“寄蜉蝣于天地，渺沧海之一粟”，意思是人类就像天地间的蜉蝣一样，实在太过渺小了。我们短短几十年的生命对于地球上数十亿年的物种演化时间而言，就是弹指一挥间。

大头鸭和飞鱼

紧接着，达尔文又讲了另一个十分有趣的生物故事。

大头鸭的翅膀只能用来扑打水面，失去了飞行能力。

企鹅的翅膀只能在水中当鳍用。

鸵鸟的翅膀只能当作风帆用。

这些鸟都有翅膀，现在却都无法飞翔。但是，我们至少能够从它们身上看到鸟类在获得飞行过程中的步骤，以及生物在演化过程中多种多样的方式。

除了陆地和空中，达尔文在海洋中也发现了类似的例子。

飞鱼是一种非常奇特的鱼类，它们的胸鳍很长，一直延伸到尾部，看上去就像翅膀一样。跃出水面之后，飞鱼能够靠着胸鳍在空中停留数十秒，最多可以飞行 400 多米。

海洋中竟然会有这样神奇的生物存在，如果它们有一天真的离开了海洋，变成翱翔天际的鸟类，谁能想到，它们原本竟生活在海洋之中?

其实，类似飞鱼这样的例子绝对不在少数，达尔文又列举了非常多的动物来证明自己的观点。

动物的多样化习性可以给我们提供一个思路：当一类物种的习性和同种及同属的习性大相径庭时，就意味着很有可能会有新的物种产生。

在下面这三类啄木鸟中，只有第一种会用长长的喙在树干中“翻找”食物，第二种啄木鸟则会在空中捕食昆虫，至于第三种啄木鸟，它们生活在南美洲拉普拉塔平原上，甚至没有见过树，它们的构造就有很大的差别。

你看，就算是同一个物种，它们的习性也如此不同，如果生物真的是被神创造出来的，为什么拉普拉塔的啄木鸟连树都没有见过？

其实，这是达尔文对神创论的又一次质疑。就像他说的，如果生命真的是神创造的，那么，很多物种的构造就真的是“多此一举”了。

神奇的眼睛

还记得我们之前说的达尔文所提的 4 个问题吗？其实，我们现在才解决了第一个问题，也就是过渡物种问题，接下来，让我们继续跟随达尔文的脚步，看看他是怎么解决第二个问题的。

你知道吗？我们的眼睛是十分精密、复杂的器官。

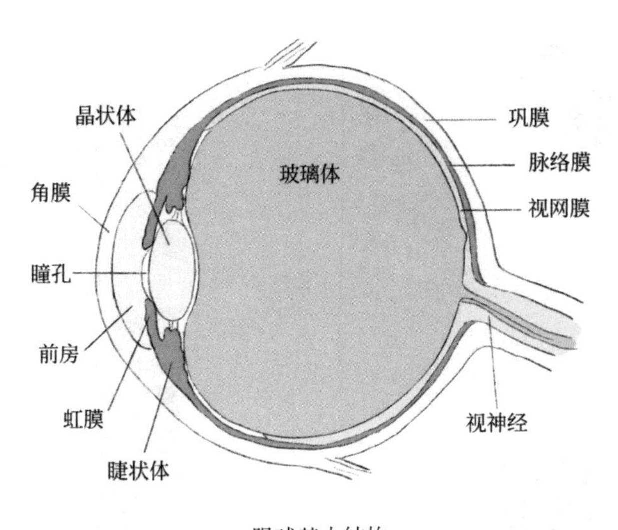

眼球基本结构

人类的眼睛是一个非常复杂的系统，当我们要看东西时，眼睛会利用眼球晶状体、睫状肌等多个部件，将图像投射到眼球中的视网膜上，视网膜分布着多达 1 亿以上的感官元细胞。而这样复杂的系统，在数不尽的物种身上都能看到。

就像我们在上面说过的，达尔文要回答的问题是：自然选择真的是个天才的“设计师”，能够“制造”出这样精密的器官吗？为了解决这个问题，达尔文选择研究节肢动物。

节肢动物门是动物界中最大的门之一，它包括了极为广泛和多样化的生物种类，目前已知大约有 120 万种不同的节肢动物，这一门的多样性在动物界中占据了相当大的比例，约占整个动物界物种数的 80%。

这个门中的生物表现出了惊人的多样性和适应性，它们可以在各种不同的生态系统中找到，从深海的海底到高山的巅峰，从沙漠到极地。因此，我们能够熟悉的节肢动物种类非常多，包括了虾、蟹、蝴蝶、蜘蛛、蜈蚣、蚂蚁、蝗虫、蜻蜓、蝉、蝎子等。

这些生物在地球上扮演着重要的角色，不仅在食物链中起到了关键作用，还在生态系统的平衡中发挥着重要作用。例如，蜜蜂是重要的传粉者，有助于植物繁殖，而螃蟹和虾类在水生生态系统中起到了清理水体底部的作用，帮助维持水体的清洁。此外，节肢动物还包括了一些对人类有重要经济价值的物种，如虫类对农业的影响和对食品供应的贡献。

在节肢动物门中，我们能够看到眼睛的无数过渡阶段，明白它的进化过程。比如，某些甲壳类只有双角膜，另外一些甲壳类的眼睛只有一些色素包裹。不难想象，为了能够更好地捕食和生存，自然选择能够将这样简单的结构慢慢改变为完善的视觉器官。

讲到这里，你有没有发现，达尔文这一部分说的都是推论？没错，达尔文自己也发觉了这个问题并表达了无奈。在当时的技术条件下，的确无法准确、完整地解决说明这个问题，只能靠推理。

● 眼睛有一层厚厚的透明组织，下面是感光神经。

● 这一层透明组织的每一部分都在缓慢变化，分离成不同密度和厚度的多层。

● 有一种力量总是在不断关注着每一层的细微变化，通过变异调整映像的清晰度。

● 每一次有利变异都会被保存下来，经历千百万年，终于产生了眼睛。

在当时，如果有任何一个理论能够证明复杂器官不是经过无数连续、细微的变异而逐渐形成的，那么，达尔文的进化论就会被彻底推翻，好在这样的理论并不存在。

自然界没有飞跃

接下来，让我们来看看那些简单器官的情形。在低等物种里，很多器官能够同时进行截然不同的活动。

泥鳅的消化管同时具有呼吸、消化和排泄功能。

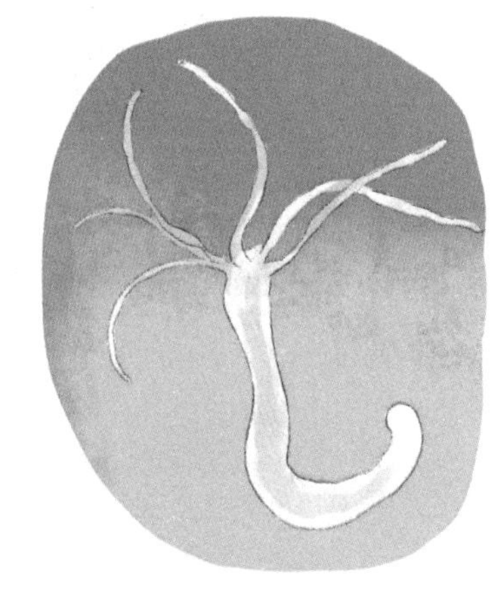

水螅是腔肠动物，它们可以把身体内外翻转，将原本的外层用来消化，原本的内层用来呼吸。

在另外一些例子中，两种不同的器官有时会进行相同的任务。

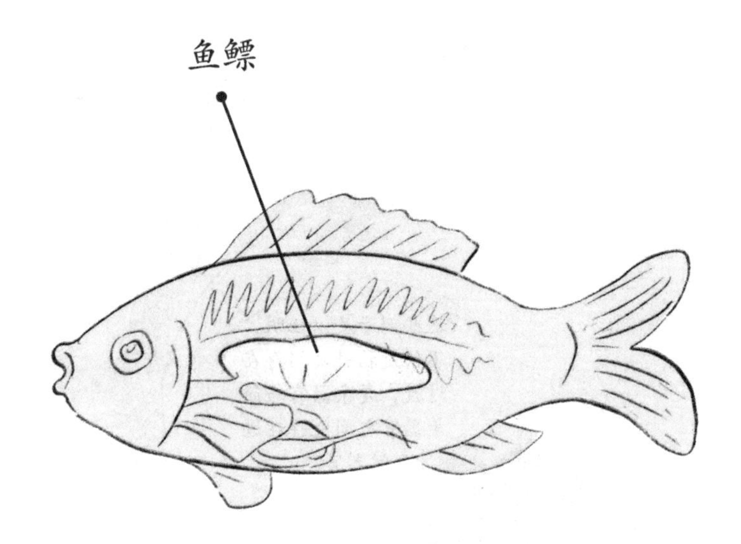

鱼类在水中时，在用鳃呼吸溶于水中的氧气时，同时会用鱼鳔呼吸游离的氧气，某些鱼类还会把鱼鳔作为听觉的辅助器官。

综合这些情况，达尔文和当时的很多生物学家都认为：鱼鳔和高等脊椎动物的肺是同源器官，在自然选择过程中，无论是泥鳅的消化管、水蛭的身体还是鱼鳔，都是高级器官的初级阶段，在漫长的岁月中逐渐演化，最终变成了具有专门功能的器官，也就是我们之前说过的器官分化越来越显著。

紧接着，达尔文又遇到了另一个难题。

在南美洲亚马孙河流域，有一种体形庞大，行动缓慢，看上去“人畜无害”的电鳗。然而，它们掌握的放电本领却为自己赢得了“地球上最令人恐惧的淡水动物”之一的称号。

经过研究，达尔文发现了一些规律，其实，这样会放电的鱼类在自然界中还有不少，而且，某些昆虫也有类似的发光器官。可惜的是，由于当时科学技术条件的限制，达尔文最终也没有发现放电器官的秘密。不过，无论如何，达尔文认为，这种器官绝不是忽然产生的，而是在漫长的时间中经历了一系列细微、连续的变异。最后，他用一句古老的格言结束了自己对于这个问题的探索。

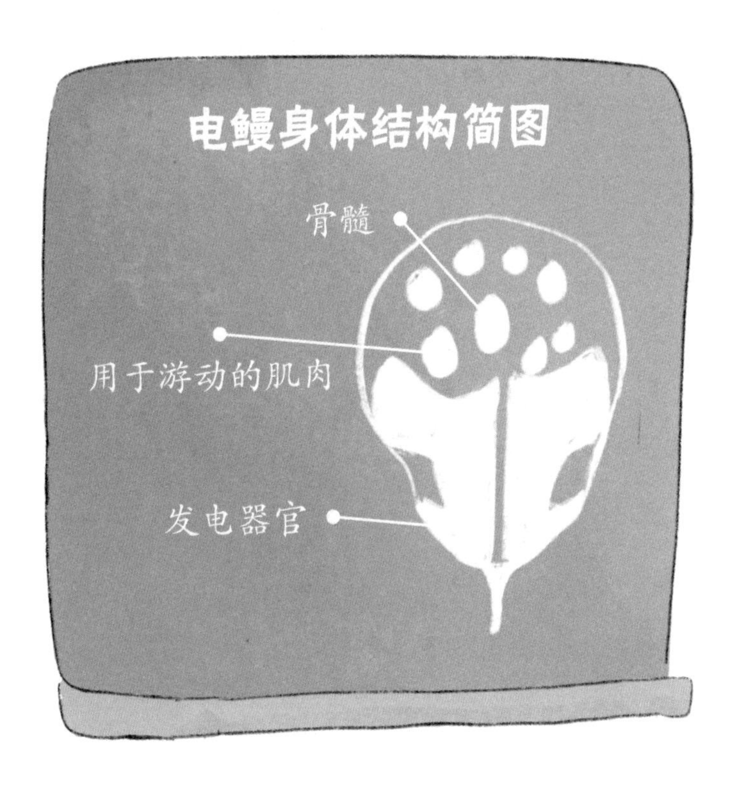

电鳗的体长能够达到 2 米左右，但是，它们的身体器官却都“挤”在头部后面，剩下约 80% 的身体都是能够产生电流的装置。电鳗的尾部由 6000 多个适合发电的肌肉细胞组成，每一个都像一块电路板，当这些电路板一齐发出低压脉冲时，就会产生高达 600 伏特的电流。电鳗不仅会用高压电击晕或杀死猎物，还可以通过电流与同类交流，或用来探测水中的其他物体和生物。

第三章

本能

“老实”的毛毛虫

在开始讲述物种的故事之前，让我们先来做一个小小的实验。你一定背过古诗吧？如果你背诵到中途被人打断，这时，你会发现，想要背完剩余的内容，就要从头再想或者再背一遍，把思路重新再理一遍。

达尔文把这种需要学习才能获得的，日积月累形成的固定模式称为习惯，与习惯相对的是本能。

与我们一样，生活在自然界中的各类物种也有与生俱来的本能。

博物学家胡伯曾经做过一个十分有趣的实验：毛毛虫的茧非常复杂，以至于需要六个阶段才能完成。

第一阶段（准备工作）：这个过程始自毛毛虫感到自己即将进行茧的构建。在这个阶段，毛毛虫会寻找一个适当的位置，通常是在叶子或其他适当的物体上。它会开始分泌一种叫作丝蛋白的液体，这种液体会逐渐凝固，形成一个丝线的基础。

第二阶段（形成外壳）：在这个阶段，毛毛虫会不断地分泌丝蛋白，将其缠绕在自己的身体周围，形成一个外壳。这个外壳有助于保护毛毛虫免受外部环境的干扰。

第三阶段（茧的底部）：这个阶段的任务是构建茧的基础，毛毛虫会开始在外壳的底部建立一个坚实的支撑结构。这个结构将在后续的阶段中提供稳定性，使茧能够保持其形状。

第四阶段（ 茧的中部）：在这个阶段，毛毛虫会继续分泌丝蛋白，将其缠绕在茧的中部。这一层结构将成为茧的主体，为毛毛虫提供安全保护。

第五阶段（茧的顶部）：类似于前面的阶段，毛毛虫会继续在茧的顶部构建更多的丝蛋白层，使茧变得更加坚固，并确保茧的整体结构完整。

第六阶段（茧的完成）：在这个阶段，毛毛虫会完成茧的构建，确保它足够坚固，能够保护自己在茧内度过蛹期。茧通常是不透明的，使得茧内的毛毛虫在相对安全的环境中进行蛹化和蜕变，最终变成成虫。

胡伯在毛毛虫做茧到达第六个阶段时，把它取出来放在第三阶段的茧床里，它就会接着重筑四、五、六阶段的茧。可是，如果把一只毛毛虫从一个三阶段的茧放入即将完工的茧房中时，它不仅不会觉得占了便宜，还会继续从三阶段开始完成工作，这就是毛毛虫的本能。

如果我们假设习
惯能够遗传的话，
那么，本能和习
惯之间就变得难
以区分了。

莫扎特是奥地利十分著名的作曲家，三岁就能通过少量的练习弹奏钢琴。

那么，生物本能到底是怎样产生的，它和习性（长期在某种自然条件或者社会环境下学习所养成的模式或特性）又有多大的关系呢？达尔文认为，本能和身体构造同样重要，在生活条件改变之后，在自然选择的作用下，本能也会出现细微的对物种生存有利的变异。于是，自然选择便会通过遗传把这些细小的变异保存下来，本能就是这样产生的。

因此，相对习性来说，
自然选择对于本能的
作用要大得多。

蚜虫与蚂蚁

如果像达尔文说的，本能是在残酷的生存斗争中通过自然选择的方式获得的，那么，它最重要的特点就是只对自己有利。可是，自然界中似乎存在着一些特立独行，“无私奉献”的动物。

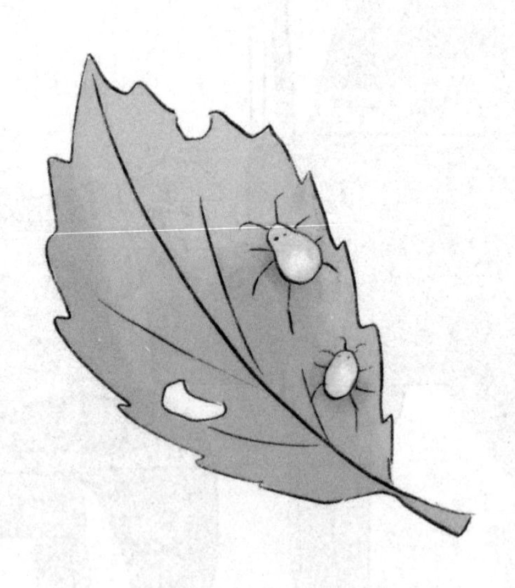

蚜虫是地球上最具破坏性的害虫之一，它们依附在作物上，吸食叶片、茎秆、嫩芽和嫩穗汁液，迅速繁殖，常常造成作物大面积枯萎、死亡。

在自然界中，蚂蚁和蚜虫有着密切的合作关系。如果细心观察，你会发现一个很有趣的现象：蚂蚁经常用棍棒一样的触角敲打蚜虫腹部，像一个拿着长鞭的“监工”一样，这其实是在催促蚜虫分泌蜜露。

蜜露是一种黏稠而透明的甜液，也是蚂蚁们最喜欢的食物之一。这样看来，蚜虫似乎是自然界的“道德楷模”，它们的本能竟然是为蚂蚁服务的，这又怎么解释呢？

我早就注意到了这种现象，而且做了一个有趣的小实验。

试想一下，如果蚜虫把分泌的甜液送给蚂蚁不是完全自愿的，那么，如果把蚜虫身边的蚂蚁全部移走，在没有“监工”的情况下，蚜虫们是不是就不会分泌甜液了呢？这就是达尔文的实验思路。

他先是找到一株植物，上面“生活着”20多只蚜虫，还有一些蚂蚁混在里面。达尔文把这些蚂蚁全部移开，过了几个小时之后才回去察看，他惊奇地发现，没有了“监工”，蚜虫们竟然真的“消极怠工”，不再分泌甜液了。

一开始，达尔文认为是蚂蚁们离开的时间还不够长，于是，他又回去等了几个小时，再过来察看时，蚜虫们竟然还在“偷懒”！

难道蚜虫工作必须有鞭子吗？

达尔文这样想着，干脆拔下一根头发，模仿蚂蚁的样子拍打蚜虫，然而，它们还是不为所动。

达尔文用放大镜观察了蚜虫很久，发现没有一只蚜虫分泌蜜露。

最后，达尔文不得不找来一只蚂蚁帮忙。刚一到叶子上，那只蚂蚁就立刻急不可耐地用触角去拨动蚂蚁的腹部，一只又一只，就连很小的蚜虫也不能幸免。

经过蚂蚁的拨弄之后，那些蚜虫们立刻便分泌出甜液供蚂蚁享用。

毫无疑问，为蚂蚁“供奉”甜液，就是蚜虫们的生物本能。这个现象让达尔文百思不得其解：难道说，世界上真的有一种生物的本能是为其他生物服务的吗？是不是因为这种甜液很黏，蚜虫无法将它们从叶子上去除，又或者，对于蚜虫来说，蚂蚁能够为它们提供某种生存方面的便利？

达尔文当时没有搞清楚这个问题，不过，他坚信一点。

世界上没有任何
一个物种的本能是为另
一个物种服务。

老师，蚜虫为什么
要为蚂蚁服务呀？
达尔文虽然没有找到原因，但
他说的一点儿也没错，蚜虫确
实是为了自己。

蚜虫有很多天敌，比如瓢虫、斑虻、黄蜂、姬蜂、蜘蛛等，而蚂蚁会为它们提供保护，而这些蜜露就是“保护费”。

本能的变异

就像我们上面所说的，物种的本能都是在自然选择条件下产生的，因此，所有的本能必然是对物种生存有利的，就算是偶尔出现“利他”，也只是换一种方式保护自己。

接下来，让我们一起跟着达尔文的脚步，去看看本能变异的情况。

在英格兰，大型鸟都比小型鸟要胆小得多，它们非常害怕人类，已经成为一种本能，这是因为人类对大型鸟的伤害更多。可是，如果在一座人迹罕至的荒岛上，无论大型鸟还是小型鸟都不会害怕人类，这就足以说明，即使是同一种动物，在不同地区也会有不同的本能，也就是说，本能出现了变异。

我们都知道，家里的宠物狗有很多品种，不同的品种之间，从外形到性格都有很大的不同。

比如，贵宾犬有不同的大小品种，包括迷你型、小型和标准型，它们通常活跃、好动，容易训练；

牧羊犬忠诚、警惕，非常适合作为警卫犬或家庭宠物，具备强烈的保护本能；

吉娃娃犬是迷你型犬种的代表，它们虽然个头小，但通常非常勇敢、对世界充满好奇心，对陌生人十分警惕；

圣伯纳犬是大型犬，身材高大而强壮，尽管它们外表威猛，但性格温和、友好，对人类也十分友善。

这些狗狗的本能也是天生的吗？为了搞清楚这个问题，达尔文在向导犬身上获得了灵感。向导犬不是一种犬的品种，而是特定用途的猎犬，它们在狩猎过程中负责协助猎人追踪、寻找或驱赶猎物。

达尔文发现，当年幼的向导犬第一次出门时，它们就能够出色地完成寻找猎物的工作，这足以证明，寻找猎物是它们的本能。

从上面的例子我们可以看出，向导犬寻找猎物的本能有很大的可能是来自遗传的，就像牧羊犬天生就会围着羊群奔跑，保护弱小的羊不受狼群侵害一样。

如果我们在野外看到一头没有经过训练的幼狼，它在闻到猎物的味道时，大概也会像那些成年的狼一样，迈着特别的步伐，弯曲身体，慢慢接近猎物，而不是直接冲向它们，这也是本能的作用。

它们虽然不知道为什么要这样做，但是却忠实地、一遍又一遍地重复着这样的动作。本能就像一只看不见的手，在无形中控制着物种的活动。

然而，与生活在野外的动物相比，家养宠物的行为和本能可能会受到更多人工选择和生活环境的影响，接受不同的训练，所以，它们的这些本能可能不如野生动物的那么固定。

这些例子都足以证明，即使是同一个物种，它们的本能也是如此不同，无论在家养状态还是自然状态都是如此，即使不同品种的狗进行杂交，这种本能也会忠实地遗传下来。

把绿色的颜料滴进水里，水就会变成绿色；把糖加进面粉里，再添加其他原料，我们就能得到香甜的面包。那么，如果达尔文的观点是正确的，两个不同品种的犬类杂交之后，它们的后代能不能继承来自父母的本能呢？

其实，这个问题达尔文也给出了答案。

灵缇犬是一种中型犬，它们拥有修长的身体、窄长的头部和狭窄的胸部，性格温和，是优雅的代名词；斗牛犬是中型犬种，拥有肌肉发达的体格和宽大的头部，性格勇猛，看上去力量感十足。与斗牛犬杂交之后，灵缇犬的性格也变得勇敢而顽强，这样的性格可以传承很多世代。

更有趣的是，达尔文还见过一条狗，它的祖父是一头狼，每当主人呼唤它时，这条狗总是用狼的方式跑过来，而不是像狗一样沿着直线走过来。

就像达尔文说的，杂交更加能够证明物种的本能有多么顽强。当时，很多学者都认为，家养状态下的本能是通过人类持续不断地强制养成并遗传下来的，对于这个观点，达尔文却提出了反对意见。

翻飞鸽是一种很受欢迎的宠物，也被称为翻滚鸽或翻颈鸽，它们虽然外貌各异，但都有一项特殊的本领——能够在空中迅速翻滚，展现出令人惊奇的飞行技巧。

翻飞鸽的本领是通过人工培育和长期训练形成的吗？达尔文认为，显然不是。如果真是这样，那第一个训练翻飞鸽的人是怎么想到让鸽子这样飞行的？最有可能的是，人类无意间发现了会翻飞的鸽子，然后用这个品种作为人工选择的原料进行强化训练，最终得到翻飞鸽。换句话说，翻飞鸽的本能是在自然条件下形成的。

对于这个观点，达尔文用兔子做了一个形象生动的比喻，人类之所以把兔子作为宠物，是因为兔子本身性格温顺，适合做宠物，而不是人类的长期培养才使兔子的性格变得温顺。

桀骜不驯的野狗

你生活的地方一定有很多狗狗吧？作为人类最忠实的伙伴，狗狗是人类最早驯养的宠物之一，可以追溯到 1 万至 4 万年前，当时人类的生活还是以狩猎和采集为主。在大多数人眼中，狗狗早已经融入了人类的生活之中，在很多方面发挥着无可替代的作用。

就像达尔文说的：“狗对人类的热爱，早已成为一种本能。”

然而，在南美洲最南部，有一个面积达 5 万平方千米的火地岛，在达尔文生活的时代，那里的居民还从来没有养过狗，当地的野狗只要被带到他们家里就会不由自主地攻击家禽和家畜。有些欧洲人把当地的野狗带回家，在驯养了很长一段时间之后，它们依然“野性十足”。

可是，在欧洲大陆，即使是非常幼小的狗，也不用特意去训练它们不能捕食家禽，亲近人类已经成了这些狗狗的本能。它们即使偶尔出现攻击行为，在主人对它们略施惩罚之后，往往就不会再犯，而那些屡教不改的狗，最后大多会失去生存的机会。

这表明，在家养状态下，某些动物在自然状态下的本能会丧失，形成新的本能，这种现象十分常见。

相应地，家养的雏鸡也失去了对狗和猫的恐惧，而野鸡和野鸭则非常害怕狗。

因此，我们可以得出一个结论：家养本能的获得和自然本能的丧失，一部分是通过习性获得的，另一部分是通过人工选择的方式获得的，而这些独特的习性，一开始是以偶然的方式出现的，也就是人类发现了可以进行人工选择的材料。
没听懂。
我给你讲个故事吧。

相传，莫卧儿帝国的一位皇帝养了很多猎豹，却不敢靠近它们，因为只要有人靠近，猎豹就会立刻冲上来，用尖利的牙齿和锋利的爪子给他狠狠上一课。

皇帝十分苦恼，于是下令，只要有人能把猎豹驯化得像狗狗一样温顺，就能得到丰厚的赏赐。

这项命令像风一样迅速传遍全国，很多人到皇帝面前自告奋勇，梦想能够一夜暴富。可是，很多年过去了，仍然没有人能够成功，就连最厉害的驯兽师也功亏一篑。

很久之后人们才发现，原来，问题出在了繁殖上。猎豹在求偶时，需要在宽阔的野外追寻心仪的雌性好几天，才能让对方“心花怒放”，可是，在笼子里，这种方式显然无法实现，猎豹也拒绝繁殖。

一直到 20 世纪下半叶，第一只猎豹才成功在动物园出生。

我懂了，猎豹难以被驯化，是因为无法人工繁殖。
至少在达尔文生活的时代是这样的，其实，除了猎豹之外，还有很多动物都是因为这样的原因无法被人类饲养，与其说是人类选择驯服哪种生物，不如说是没得选，只能被迫选择。

英国人类学家法兰西斯·高尔顿是达尔文的表弟。

你知道吗？全世界有 148 种大型陆栖野生食草哺乳动物曾有希望成为家畜，但只有 14 种通过了考验，我总结了 6 点能够成为家畜的条件，一起来看看吧。

贾雷德·戴蒙德是美国当代作家和生理学家，《枪炮、病菌与钢铁》是他的代表作之一，我们下面要介绍的这 6 个条件就是出自这本著作。

饮食习性：牲畜大多是植食动物，比如，要喂养一头 1000 磅的牛，需要 1 万磅的玉米；而如果你想养一头 1000 磅的食肉动物，就得喂它 1 万磅的食草动物的肉。另外，还有一些喜欢“挑食”的动物也不会被人类驯养，因为它们实在是太难“伺候”了。

生长速度：牲畜必须长得够快才值得养，不然就是“赔本买卖”。

人工环境中繁殖的困难：有些动物非常“害羞”，无法在众目睽睽之下进行交配和繁殖，有些则是要进行非常复杂的求偶仪式。比如，野生骆马的毛细柔轻巧，是兽毛中的极品，不过，至今都没有人能够将它们成功驯化。

性情凶残或体型庞大的动物无法被驯化：灰熊、老虎等都是最好的例子。在非洲生活着一种犀牛，生长迅速，体重可以达到1吨，原本是非常好的家畜候选动物。可惜，它们一点也不温顺，随便一脚就能结果人类的性命。

容易恐慌的动物无法驯养：很多大型食草哺乳动物对危险的反应十分敏感，只要一有风吹草动，它们要么拔足狂奔，要么跳起来老高，甚至会被吓死。比如，在过去的几千年中，新月沃土的人们一直尝试驯服瞪羚，却从来没有成功过，因为瞪羚一受到惊吓就会盲目地四散奔逃，甚至直接撞在兽栏上。

社群结构：几乎所有被驯化的大型哺乳动物，都有群居、秩序井然的特点，而那些领地意识强、独来独往的动物则很难被驯化。比如，猫也有领地意识，虽然被人类驯化了上千年，但它们远远没有狗那么听话，反而显得“爱答不理”。

老子是我们中国古代非常著名的思想家，也是道家学派的创始人，“道法自然”的意思就是顺应自然规律，做起事来就会事半功倍。

鹊巢鸠占

维鹊有巢，维
鸠居之……
老师，你又
在读什么?
这句诗出自
《诗经》，说的是
一种非常有趣的现象：
鸠鸟不会做巢，常强占喜
鹊的窠。达尔文接下来
要讲的就是
这两种动物
的故事。

杜鹃是动物界最“臭名昭著”的“恶鸟”，它们一般不会自己筑巢，而是把卵生在其他鸟类的巢穴中，由于杜鹃的雏鸟会比其他鸟类早出生，因此，杜鹃雏鸟要做的第一件事就是把巢里的其他鸟蛋推下去，让“养父母”专门喂养自己。

为了提高幼鸟的存活率，避免被其他鸟类看出来遭到抛弃，杜鹃的卵长得和寄主的卵很像。

杜鹃的成鸟会移走寄主巢穴里的一个或多个卵，以免寄主因卵数增加发现自己动了手脚。

有些杜鹃的外形和鹰属类似，还可以模仿雀鹰的叫声把寄主吓走，接着把自己的卵安置在巢穴中。

为了保证自己与寄主产卵时间同步，杜鹃会随时监视寄主。

一般鸟类产卵需要 20 ~ 60 分钟，而杜鹃产卵仅需要 10 秒钟，这样，它们就能“快速作案”之后神不知鬼不觉地离开现场。

杜鹃的这种繁育后代的方式叫巢寄生，在一万多种鸟类中，有一百多种有巢寄生行为。巢寄生分为两种，间巢寄生（寄生者和宿主为不同物种）和种内巢寄生（寄生者和宿主为同一物种）。

杜鹃“鸠占鹊巢”的本能到底是怎样产生的呢？经过细心观察和研究，达尔文终于发现了其中的原因。

杜鹃不是每天都会产卵，而是每隔两天或三天才会产一次卵，如果它们自己筑巢，巢穴里就会出现不同年龄的雏鸟了。这样一来，不仅孵化的时间会延长，照顾起来也十分不便。加上杜鹃的雌鸟要早早迁徙，雄鸟就不得不负担起独自抚养雏鸟的任务，成为“单亲爸爸”。

美洲杜鹃就是不折不扣的“异类”，它们不仅会自己筑巢，还会把卵相继孵化出来，再由“单亲爸爸”抚养。

接下来我们来看看，杜鹃是怎样形成这种本能的。

除了杜鹃之外，达尔文还发现，鸵鸟也有间隔几天才产卵的习性。

达尔文在美洲时，在地上捡了很多鸵鸟蛋，这是因为鸵鸟也是每隔两天或三天才产一次卵，它们也会把卵产在其他巢穴里。不过，由于它们这样的本能还没有完善，东产一个，西产一个，结果卵就被丢得到处都是。

除了杜鹃之外，一些蜂也有把卵产在其他蜂巢的习惯，这种蜂被称为寄生蜂，膜翅目细腰亚目中的姬蜂科、小蜂总科等都有这种“鸠占”的能力。而且，比起杜鹃，寄生蜂所采取的策略更加多样和巧妙，被寄生的对象从卵到成虫的各个阶段，都有可能成为被侵害的对象。

寄生蜂的寄生形式，可以分成内寄生和外寄生两种。

内寄生是指寄生蜂的幼虫会在宿主体内发育。在这种情况下，寄生蜂通常会寄生于其他昆虫，如蛾类或毛虫。雌性寄生蜂会将卵产在宿主体内，寄生蜂幼虫一旦孵化，便会开始消耗宿主的组织，直到宿主死亡。这种寄生方式通常要求寄生蜂的幼虫能够抵抗宿主的防御机制或能够迅速发育以躲避宿主的攻击。

外寄生则是寄生蜂的卵产在宿主体外。在这种情况下，寄生蜂的卵通常会附着在宿主的外表或附近的环境中。一旦寄生蜂幼虫孵化，它们会寻找并进入宿主体内，然后开始消耗宿主的组织。

红蚁“帝国”

在漫长的人类历史上，奴隶制曾经存在上千年，成为古巴比伦、古埃及、罗马帝国等国家的政治制度。在奴隶制社会中，奴隶没有财产，没有人身自由，长期从事体力劳动，还会被当作私有财产随意买卖。

5 个奴隶

=

1 匹马 + 1 束丝

其实，奴隶不仅存在于人类社会，也存在于自然界中，接下来，就让我们一起跟随胡伯的脚步，探寻神秘的红蚁“帝国”。

红蚁是一个等级分明、分工明确的族群，雄蚁和有生育能力的雌蚁几乎不做任何工作。

工蚁和不育的雌蚁也不从事劳动，而是四处抓捕“奴隶”——黑蚁。

红蚁群体不仅“懒惰”，而且“无能”。无论是筑巢还是喂养子女，都需要奴蚁来完成。

就算巢穴无法居住，需要搬迁时，也是由奴蚁用颚衔起“主子”搬离。

不得不说，红蚁们实在是太“懒”了，甚至已经到了衣来伸手饭来张口的地步，你有没有想过，如果离开黑蚁，红蚁们还能不能生存？你跟生物学家胡伯想到一块去了。

为了验证自己的观点，胡伯做了一个很有趣的实验，他把 30 只红蚁与族群隔绝起来，给它们提供最“美味”的食物，为了刺激它们工作，胡伯还放入了幼虫和蛹。然而，这些红蚁依然什么都不做，甚至无法自己进食，很多都活活饿死了。

直到胡伯在它们中间放入一只黑蚁，红蚁们才终于得到了照顾。为了拯救自己的“主子”，黑蚁立刻开始修筑蚁穴、照顾幼虫，把一切都安排得井井有条。

难以想象，离开黑蚁，红蚁竟然完全失去了生活自理能力，宁愿被活活饿死也不愿意自己寻找食物，难道它们没有生存本能吗？实际上恰恰相反，它们的生存依赖于社会性生活方式和分工制度。红蚁工蚁和不育的雌蚁已经在漫长的进化过程中逐渐丧失了独立生存的能力，而转而依赖整个社会群体的协作。

这种社会性昆虫的生存策略在进化中得以发展和传承，因为它们通过紧密的分工和互相依赖来实现高度有效的生活方式。工蚁和不育的雌蚁专注于巢穴维护、食物采集、幼虫照料以及保卫巢穴等任务，而有生育能力的雌蚁则负责繁殖后代。这种分工协作的方式使整个蚁群能够更好地应对外部环境的挑战。

不仅是红蚁，蚂蚁的另一个物种血蚁也有蓄奴的习惯，这次是大英博物馆的史密斯先生为达尔文提供的资料。

我完全相信胡伯和史密斯先生的资料，不过，这种本能实在太不可思议了，我还是决定自己亲自研究来确认一下。

为了验证胡伯和史密斯先生的说法，达尔文先后掘开了 14 个血蚁的巢穴，果然发现了少量奴蚁。

达尔文观察到，当巢穴出现稍小的扰动时，奴蚁会时不时跑出来查看情况，并做好防御准备。

看来，奴蚁并不觉得自己是“奴隶”，反而很认同自己的身份。
没错，这正是我们需要注意的地方，还记得我们前面说过的吗？物种的本能首先是对自身的生存有利。

达尔文正在观察蚁穴。

众所周知，物种的本能是为其生存服务的。可是，奴蚁就心甘情愿地成为奴隶吗？“如果是奴隶，主人松懈的时候，它们一定会趁机逃走的！”这样想着，达尔文开始了自己漫长的观察。

在连续3年的时间中，达尔文在每年的6、7月中，都会对蚁巢进行长达几个小时的观察，可是，在此期间，他从没有发现一只奴蚁逃走！

“难道是6、7月间的蚂蚁比较少？”达尔文不得不这样想。可是，在请教了这方面的专家史密斯先生后，达尔文得到了肯定的答复。即使在5、6月及8月蚂蚁最多的时候，也没有一只奴蚁会逃走。

看来，这些奴蚁已经完全认同了自己的身份。

这真是奇了怪了，怎么会有蚂蚁心甘情愿地成为其他蚂蚁的奴隶呢？

从达尔文的这段经历可以看出，我们在观察世界的时候，经常会把自己的主观视角代入进去，用人类的思维去思考问题。

代入奴蚁的视角后，我们自然而然地会认为，没有任何物种会心甘情愿地成为奴隶，不过，对于动物来说，它们只会选择对生存最有利的方式。

对于奴蚁，从人类角度看，这似乎是一种奴役，但从生物学的角度来看，这是一种共生或寄生关系。在自然界中，存在各种各样的共生和寄生关系，它们在进化过程中形成，通常与生物适应和生存有关。

要理解这些关系，我们需要尽量避免将人类的价值观和情感代入到动植物行为中，而应该通过科学方法来研究和理解它们。

不同物种之间的行为和生态角色常常是复杂的，而且与我们的人类经验和情感有很大的不同。因此，了解生物学和生态学的原理可以帮助我们更好地理解自然界中各种生物之间的关系。好了，让我们来继续观察蚂蚁和它们的“奴隶们”。

更令人惊讶的是，达尔文发现，作为“主子”的红蚁经常搬运食物。

某次，达尔文在路上遇到了一大群蚂蚁，红蚁和奴蚁混在一起，爬上了一株高大的苏格兰冷杉，共同寻找蚜虫，这表明，在某些蚂蚁中，“主子”和“奴隶”会一起寻找食物。

而在瑞士，“主子”甚至会和“奴隶”一起建造巢穴。两个国家之间，蚂蚁的蓄奴习性竟然会产生这么大的差别，这到底是怎么回事呢？接下来，我们不妨利用已经了解的知识来合理地推测一下其中的原因，就当是一次小小的练习。

最有可能的情况是，生物在不同环境中面临不同的选择压力，这可能导致它们采取不同的适应性策略。

不同国家和地区的生态环境和资源分布可能有很大的差异。在某些地方，资源可能更加丰富、更易获得，这减少了蚂蚁之间的竞争压力。因此，在资源充足的地区，蚂蚁可能更愿意与奴隶共同合作，以更高效地利用这些资源。

在某些地区，可能存在更多的蚂蚁种类或其他竞争者，这迫使蚂蚁社会采取更复杂的社会策略，例如蓄奴制度，以应对竞争和资源争夺。这种策略可以帮助降低竞争压力，使蚂蚁社会更容易生存和繁衍。遗传变异也是很有可能的一个因素，可能会导致不同地区的蚂蚁社会采取不同的行为。如果在某个地区的蚂蚁社会中出现了一种更有效的社会策略，这种策略可能会在该地区传播，并取代原有的策略。这可能会导致不同地区的蚂蚁表现出不同的行为模式。

怎么样，和你想的一样吗？

总之，达尔文的理论强调了自然界中生物多样性和适应性策略的重要性。不同地区的生态条件和竞争压力可以导致不同的生物行为模式，包括蚂蚁的蓄奴行为。

好了，接下来，让我们继续跟随达尔文的脚步，看看蚂蚁身上还有哪些有趣的故事。

一天，达尔文又发现了一件“了不得”的事：在蚁群迁徙时，血蚁竟然把奴蚁小心翼翼地衔在颚间，站在人类的角度来看，这简直是“反了天了”。区区奴蚁竟敢让“主子”衔着自己，连路都懒得走了！

又有一次，达尔文在野外发现了一场“乱斗”，20 多只有蓄奴习惯的血蚁对一群黑蚁发动进攻，黑蚁们发起顽强的抵抗，它们一齐冲上去，两三个共同对付一只血蚁。然而，由于实力太过悬殊，黑蚁们被打得落花流水。

战斗结束之后，血蚁们才发现所有黑蚁都在战斗中壮烈“牺牲”了，经过仔细搜查，它们也没能在附近发现黑蚁的蛹，无法带回去蓄奴。无奈之下，血蚁们只好把黑蚁尸体带回巢穴当作食物。

于是，达尔文掘开一个黑蚁巢穴，把卵放在它们打斗的空地上，那些红蚁很快就将这些卵全部运走了。

为了验证红蚁能否分辨黑蚁的卵，达尔文故意在那些卵中放入了黄蚁卵，卵上还沾着巢穴中的泥土。黄蚁是一种体型偏小，攻击力却十分强悍的“角斗士”。事实证明，红蚁可以准确分辨出黄蚁的卵，甚至在发现黄蚁巢穴的泥土时就吓得立刻逃窜。

不过，红蚁并不是真的逃走了，而是躲在旁边偷偷观察，当它们确认没有黄蚁之后，还是壮着胆子把卵搬走了。

又有一次，达尔文在观察血蚁时，发现它们正拖着很多黑蚁的尸体返回巢穴中，还有些血蚁背着无数的蛹。看得出来，它们刚刚获得了一场“战争”的胜利。

好奇的达尔文一直找到血蚁队伍的末尾，都没有发现被摧毁的黑蚁巢穴。然而，他转头一看，发现草丛中有两三只惊慌失措的黑蚁正在“抱头鼠窜”，还有一只黑蚁衔着自己的蛹，纹丝不动地站在高处，一副“国破家亡”的凄惨模样。

综合上面的情况，达尔文得出了一个结论：有相同蓄奴本能的蚂蚁，生活在英国时，它们不会筑巢，不会喂养幼虫，甚至不会自己吃饭，而瑞士的“主子”却会和奴蚁一起工作，还会单独出去采集筑巢材料。

血蚁和红蚁这种奇异的本能是怎样产生的，我不敢下肯定的结论，不过，却能从另外一些不蓄奴的蚁类身上发现一点蛛丝马迹。
注意啦，这个卵有“蚁”要吗？没“蚁”要我搬回去了！

就算是不蓄奴的蚁类，如果发现散落在巢穴附近的卵，也会搬回去。

这些搬回去的卵原本是被当作食物的，不过，当幼蚁孵化并发育起来之后，还是会遵循本能做该做的事。毕竟，蚂蚁们的工作都相差不多。

当蚂蚁们发现那些被搬回蚁巢的卵还有另一种用途时，原本是为了食用而采集蚁蛹的这一习性，就会被蓄奴的习性所代替，并通过自然选择不断强化，久而久之，就形成了本能。

难道那些黑蚁
就心甘情愿地
当奴隶吗?
这是个有趣的问题。
要知道，黑蚁是否心甘情愿，
取决于它们有没有高级情感。
到目前为止，地球上已知生物
中，只有人类产生了包括
道德感、理智感和美感在
内的高级情感。
我懂了，也就
是说，黑蚁根本不会有
任何想法，只会凭借本
能工作。
正是这样，黑蚁和红蚁
的共同本能，产生了蓄
奴这种神奇的现象。

天才的“工程师”

公元四世纪，古希腊有个叫佩波斯的数学家在观察了蜂巢的形状之后感叹道：“蜂窝的优美形状，是自然界最有效劳动的代表。”之后，他提出了一个十分著名的“蜂窝猜想”。

人们所见到的、截面呈六边形的蜂窝，是蜜蜂采用最少量的蜂蜡建造成的。蜜蜂的蜂巢是自然界最令人惊讶的神奇建筑。

为什么一个小小的蜂巢会让数学家和达尔文同时发出惊叹呢？这跟蜂巢十分精巧的结构有关。

蜂巢由无数个大小相同的正六边形房孔组成，就像是经过工程师精准测量一样，每两个房孔之间用一堵蜂蜡制成的“围墙”隔起来。与我们居住的房子不同，蜂巢房孔底部不是平的，而是尖尖的。

蜂巢立体结构图，参考下图：

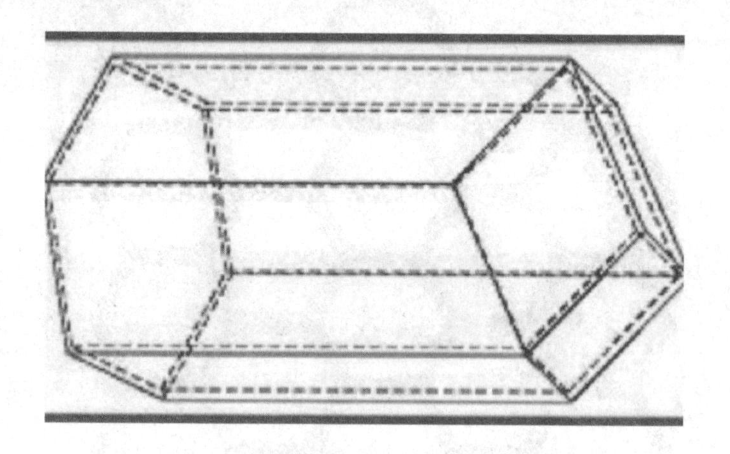

更加有趣的是，世界上所有蜜蜂就像经过了统一“培训”一样，筑造的蜂巢都是这种形状。科学家们经过研究发现，蜂巢结构是最科学，密度最高，需要蜂蜡最少，同时空间最大，能容纳最大数量的蜜蜂的结构。

● 根据测算，每一面蜂蜡隔墙厚度不到 0.1 毫米，误差只有 0.002 毫米。六面隔墙宽度完全相同，墙之间的角度正好是 120°，形成一个完美的正六边形的几何图形。

● 如果将整个蜂巢底部分为三个菱形截面，则每个锐角和每个钝角的角度相等（锐角约为 72°、钝角约 109°）。

● 蜜蜂为了防止存蜜外流，每一个蜂巢的建筑，都是从中间向两侧水平展开，每个蜂房从内室底部到开口处，都呈现 13° 的仰角。

● 蜂巢的结构太过完美，以至于像是某个工程师精心设计的一样，这样的本能让达尔文觉得十分不可思议。

人类在发现了蜂巢的奥秘之后，把它用到了建筑、材料、工程、传感器等各个领域，诞生了蜂巢结构。就连航天飞机、人造卫星、宇宙飞船的内部以及卫星外壳都大量采用蜂巢结构，它们也因此被称为“蜂窝式航天器”。

蜂巢结构具有强度高、重量轻、节省原料、抗弯性强、隔声和隔热性良好等众多优点。

蜂王是蜂群中唯一生殖器官发育完全的雌蜂，身体比工蜂长 1/4 至 1 倍，主要负责产卵。一只优良的蜂王一次可以产下 1500 粒左右的卵。一般来说，一个蜂巢中只有一个蜂王，它们的寿命往往有 3 ~ 9 年，一旦失去生育能力，就会有新的蜂王被换上。

雄蜂是蜂群中的雄性个体，它们体格健壮，“膀大腰圆”，没有螯针、毒囊、花粉篮和泌蜡器官，也不需要工作，而是专职和女王交配。交配结束之后，雄蜂就会结束自己的生命。

工蜂是蜂巢中占绝对多数的个体，它们的生殖器官发育不完善，体型最小，却要负责蜂巢中的所有工作，包括喂养幼虫、采蜜、筑巢、花蜜酿造、保卫巢穴、侦查蜜源等。在繁殖旺季，一个大型蜂巢中的工蜂数量能达到 5 万 ~ 6 万只。

你知道吗？根据估算，工蜂采集1千克的花蜜至少需要飞行32万千米，而消耗16千克的花蜜才能分泌出1千克的蜂蜡。工蜂分泌1千克的蜂蜡所需飞行距离相当于绕地球赤道128圈。
蜂蜡真是太珍贵了。
是的，请记住，这就是我们破解蜜蜂神奇本能的关键，我把它称为“渐变原理”。

渐变原理

就像我们上面所说的，蜜蜂能够创造出近乎完美的几何体，这是它们与生俱来的本能，但如果将蜂巢隔开会怎么样呢？达尔文就做了这样的实验。

达尔文用一块又长又厚的方形蜡板把整个蜂巢隔开，观察工蜂的反应。

工蜂马上开始在蜡板上挖掘圆形凹坑，一开始，它们并不增加凹坑的深度，直到小凹坑变成与蜂房直径大致相等的浅盆形，看起来完全像真正的球体或球体的若干部分。

当工蜂开始聚在一起掘凿盆形凹坑时，它们之间总能保持大概一个普通蜂房宽度的距离，并且使每个盆形凹坑的深度达到这些盆形凹坑所形成的球体直径的1/6。这个时候，盆形凹坑的边就交接在一起，或者相互贯通，最终形成蜂巢的形状。

达尔文在蜂巢中插入了一块又薄又窄、染成红色的蜡片。

像之前的实验一样，工蜂立刻开始了紧张忙碌的施工，掘凿彼此接近的盆形小坑。但是，这些蜡片实在太薄，如果掘凿出像先前实验里那样的深度的话，就要贯穿了。可是，工蜂们却挖得适可而止，没有让这种情况出现。

最终，工蜂们还是顺利完成了工作，即使是如此柔软、纤薄的蜡片，工蜂也能准确判断是否到达了合适的厚度。

通过这两个实验，达尔文得出了一个结论：无论在什么情况下，蜜蜂都能保持十分精准的筑巢本能，就像大自然中的天然工程师一样。

那么，蜜蜂的这种本能是怎样发挥作用的呢？我们可以通过建筑工人的例子来做更好的理解。

建筑工人在修筑起一堵宽阔的水泥墙后，会从靠近地面处开始，从两边把多余的水泥削去，直到中间形成一堵光滑的墙壁。最后，他们会把削去的水泥堆在墙壁的顶端，再加上一些新水泥，这样一来，墙壁不仅会不断加高，上面还会多出一个巨大的顶盖。

就像建筑工人建造的水泥墙一样，无论是刚开始营造的，还是已经完工的蜂房，上面也会有一个坚固的蜡盖，通过这样的独特营造方法，蜂巢不仅变得十分坚固，还十分省蜡。

蜜蜂总是聚在一起工作，并保持着相等距离，默默挖凿自己的凹坑。有趣的是，当两个蜂房以同一个角度相遇时，蜜蜂会毫不犹豫地拆掉自己建成的蜂房，并重新建造一个。

我们经常说，自然选择只有通过构造或本能的轻微变异的累积逐渐发挥作用，而这些变异对于物种的生存是有利的，因此，达尔文认为，蜜蜂的建筑本能也是经历漫长的连续变异而逐渐完善的。那么，这样的本能为蜜蜂的祖先带来了什么样的好处呢？

达尔文的朋友特盖迈尔先生通过实验发现，一箱蜜蜂分泌 1 磅（1 磅≈453.5g）蜡，需要消耗不少于 12 ~ 15 磅的干糖，所以，蜜蜂们必须采集大量液体花蜜才能有足够的蜂蜡用来筑巢。

蜂蜡的生产过程对蜜蜂来说是一项复杂的任务。

采集花蜜：任务的第一步是由特定的工蜂执行，它们专门负责采集花蜜。这些工蜂飞到花朵上，使用长而细的吸管舌头将花蜜吸入自己的胃中。

储存花蜜：工蜂将采集的花蜜带回蜂巢，通常放在蜂巢内的蜜房中储存。花蜜是水分较高的液体，因此需要做进一步处理。

脱水和消化：一旦花蜜储存在蜜房中，工蜂就会开始脱水和消化过程。它们会吐出储存在胃中的花蜜，并通过吹气和挥动翅膀来脱去多余的水分。这个过程非常重要，因为蜂蜡是由花蜜中的糖分构成，脱水后的花蜜糖浓度更高。

蜂蜡分泌：工蜂从腹部的 4 对腺体分泌蜂蜡。

蜂蜡塑形：蜜蜂会将蜂蜡咀嚼和塑造成巢穴需要的形状。它们使用腿部和下巴来形成蜂蜡的薄片，并将这些薄片粘贴在巢穴壁上，构建巢穴的蜂蜡蜇壁。

在缺少花蜜的冬天，蜜蜂必须靠巢穴中储存的蜂蜜才能安然度过，因此，它们必须想尽办法节省蜂蜡，从而节省蜂蜜。

对于蜜蜂来说，族群的数量越大，就越能保证蜂巢的安全，节省下来的蜂蜜正是蜂群数量的保障。

因此，节省蜜蜡就意味着获得更多生存的便利，在自然选择的作用下，蜜蜂的筑巢本能便在日积月累中，在无数的、连续的、细微的变异中形成了，这就是渐变原理。

“打工”蚁的产生

毫无疑问，即使达尔文已经做了如此多的工作，可是，有些本能仍然无法解释，而这些奇特的本能都可以被人用来反对自然选择理论。

达尔文所说的中性昆虫，指的是那些无法生育的昆虫，工蜂就是很典型的例子。还有一种常见的分类方式，把昆虫分为益虫、害虫和中性昆虫。益虫和害虫我们十分熟悉，这里说的中性昆虫指的是介于害虫和益虫之间的，既无害也无益的昆虫。

为了搞清楚这个问题，达尔文对不育的工蚁进行了长期研究，发现了两个难点：第一，工蚁为什么会变成不育的个体？第二，工蚁为什么和其他个体在构造上有极大差异？

达尔文认为，蚂蚁是社会性动物，如果每年生下一些能够工作却无法生育的个体，对于整个蚂蚁群体有利的话，那么，工蚁不育就是在自然选择的作用下导致的。工蚁、雄蚁和蚁后无论在体型还是结构上都有着巨大差异。

工蚁是雄蚁和蚁后交配所生，可是，它们的差异却是如此巨大，而且，工蚁是绝对不育的，这样的特点是怎么一代又一代传下去的呢？这也是攻击达尔文进化论的一大证据。

其实，这一点不难解释，无论是家养生物还是自然状态下的生物，有无数的实例可以证明，个体的不同与年龄或雌雄差异密切相关。比如，某些品种的阉牛角比另一些品种的阉牛要更长一些。

阉牛是什么？
阉牛就是遭到阉割，
无法生育的公牛。
啊，为什么要
把牛阉掉？
因为阉牛的肉质更好，而且，
由于没有雄性激素分泌，阉
牛会变得性情温顺，便于饲
养管理、调教和使役。

我们的难点不是要证明同类物种的构造差异，而是要弄明白这些相关变异是怎样在自然选择过程中缓慢积累起来的。记住，自然选择作用不仅作用于个体，还会作用于群体，也就是为了有利于群体生存而去牺牲部分个体。

就像达尔文说的，自然选择也会作用于群体，这样一来，工蚁不育的问题就解释得通了：工蚁的产生对于整个蚂蚁族群的生存有利，于是，自然选择便会把生育工蚁的倾向遗传给蚁后和雄蚁，并在漫长的岁月中一直重复这一过程，直到同一物种的能育者和不育者在结构和体型上产生巨大差异。

好像是这个道理。
那么，如果族群灭绝了，无论雄蚁、蚁后还是工蚁，它们还会存在吗？
我懂了，为群体牺牲实际上是在保护每个个体。
达尔文在晚年也注意到了这个问题，他在《人类的由来》（1871）这本书中讨论了人类中的利他行为和自我牺牲行为的起源。

《人类的由来》中有一段文字，可以给我们带来很多启发："一个部族中如果包含有许多这样的成员：他们由于高度具有爱国精神、忠诚、服从、勇敢以及同情而永远彼此相助，并为公共利益不惜牺牲自己，那么这个部落就会战胜大多数其他部落；这大概就是自然选择。"

我懂了，就像那些保家卫国而牺牲在战场上的烈士一样。

吊着“蜜罐”的蚂蚁

但是，达尔文接下来又提出了一个更加难以解释的问题：在几种蚂蚁的族群中，中性个体不但与能育个体有所差异，就连它们彼此之间也有差异，有时，这种差异已经达到了让人难以置信的程度，更为重要的是，这些差异不存在过渡阶段，而是泾渭分明，就像两个不同的属一样。

在北美洲的一种蚂蚁中，存在着一类奇特的工蚁，它们的蚁腹中储存着大量花蜜，涨得就像蜜罐一样，因此被称为蜜罐蚁。只有体型最大的工蚁才能成为蜜罐蚁，之后，它们就会倒吊在洞穴深处。

当食物不足时，其他蚂蚁只需要碰一碰蜜罐蚁，它们就会吐出蜜来，像蚜虫和蚂蚁的关系一样。

在隐角蚁中，有一类工蚁，它们的头上长着一面奇异的盾牌，与其他工蚁完全不同。

如果不能解释这种现象，达尔文的进化论还是会遭到人们的质疑。对此，达尔文的解释是：每一连续的、细微的、有利的变异，最初并不是出现在同一个巢穴中所有中性个体身上的，而是只出现在少数几个中性个体的身上。接着，在自然选择的作用下，那些能够生育更多具有有利变异特征的双亲，会连续、持久地被选择出来，直到所有的中性个体都产生那种性状。

达尔文发现，有几种英国蚁的中性个体，它们彼此之间在体型、颜色等方面有着巨大差异，而且，在两个极端类型之间，同一巢里的一些个体能够完美地将之连接起来。较大和较小的工蚁数量最多，而处于中间阶段的工蚁数量最少。这足以证明过渡变异的存在。

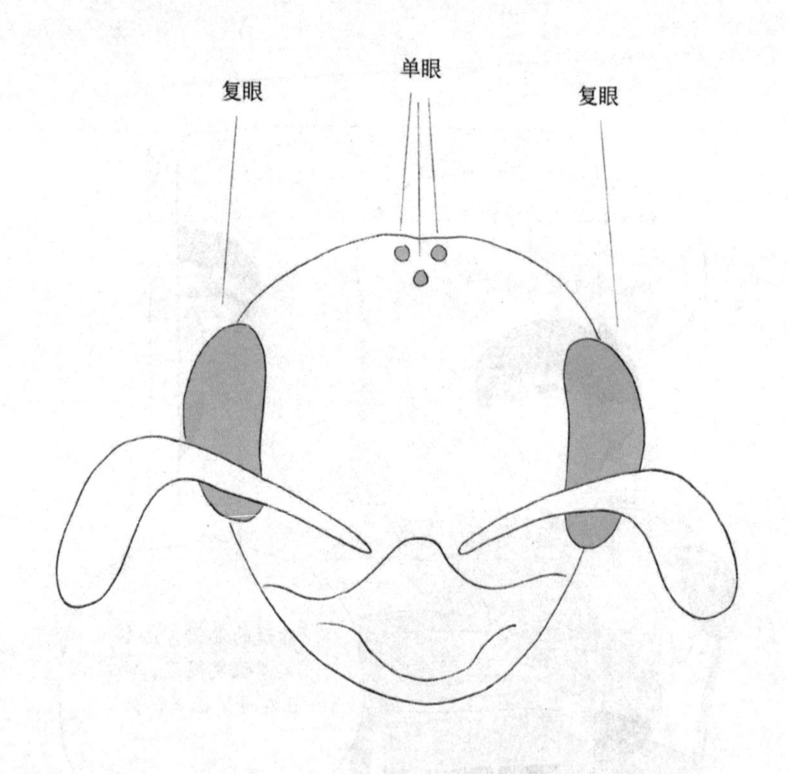

蚂蚁的眼睛分单眼和复眼：复眼有一对，是主要的视觉器官；单眼数量不等，只能感光。作为感光器官，单眼对于蚂蚁的夜间活动有很大帮助。一般来说，工蚁不仅复眼小，单眼数量也是最少的，蚁后和雄蚁的单眼多一些。

达尔文发现，在黄蚁中有体型较大和较小的两种工蚁，较大的工蚁单眼尽管比较小，却能被清楚地区分开来，而较小工蚁的单眼则发育不全。

我可以断定，中等大小的工蚁恰好处于中间状态，也就是说，同一巢内两群不育的工蚁，不仅在体型上有差距，就连视觉器官也有差异，它们被处于中间状态的少数成员连接起来。

面对这些事实，达尔文相信，自然选择通过作用于能育的双亲，就可以产生一个固定的中性物种，这些中性物种的体型和构造都存在差异。在自然选择的不断作用下，对于群体生存有利的构造被不断保留下来，直到不再产生中间变异者。

● 本能是物种与生俱来的，不用学习就具备的能力，比如，孩子生下来就会吃奶，鱼生下来就会游泳；而习惯和习性是后天养成的，需要学习和练习才能获取。

● 本能是自然选择和生物习性综合作用产生的。

● 本能会出现变异，而且，这种变异还会通过遗传累积下来，就算是同一个物种，生活在不同的环境中也会产生不同的本能。

● 在自然选择的作用下，一般情况下，本能都是利己的。

● 自然选择也会对群体产生作用，在很多物种群体中，本能也会牺牲个体来帮助群体更好地生存。

最后我有一些话想要告诉大家。“自然界没有飞跃”，这句话不仅适用于物种的身体构造，也适用于本能。虽然生物具有各种各样的本能，比如，杜鹃会把“养父母”的卵和幼鸟驱逐出巢穴，红蚁能够奴役其他蚂蚁，姬蜂科幼虫会寄生在青虫中，正是本能造就了这个丰富多彩的世界；但是，我们不能把本能当成是某种被特殊赋予的本领，而要把它当成指引所有生物进化、繁衍、变异，完成优胜劣汰的小小“副产品”。

第四章

狮虎兽与苹果树

狮子 + 老虎 = ?

在开始讲下面的故事之前，让我们先来简单回顾一下我曾经提到的四个难题。

- 过渡物种去了哪里？
- 自然选择为什么能够产生复杂而精密的器官？
- 生物本能是怎样产生的？
- 杂交所产生的后代为什么无法生育，而变种之间杂交产生的后代却具有可育性？

前面三个问题我们已经基本解决了，接下来，就让我们跟随达尔文的脚步，一起来解决第四个难题。

达尔文时代的博物学家们认为，不同物种进行杂交无法生育，这是为了防止生物形态相互混淆，不过，达尔文却认为，杂交不育有更深层次的原因。

其实，达尔文这里要讨论的问题有三个：第一是杂交不育，也就是不同物种之间杂交往往无法生育后代；第二是杂种不育，也就是杂交所产生的后代没有生育能力；第三是变种杂交的能育性。通过下面这张图，你可以更好地理解这三个问题。

以下动物用简图表示：

世界上不存在这样的动物。

雄狮与母虎交配生产下的后代叫狮虎兽，狮虎兽无法生育后代。

柚子和橘子杂交可以得到橙子，橙子是可育的。

由于杂种的不育性不会对物种生存产生任何好处，因此，它不可能是通过自然选择，在细微的、连续的变异中保存下来的，这一点对我们的自然选择理论非常重要。

为了寻找杂交不育的原因，达尔文首先从生殖器和生殖质上寻找原因，下面这张表能够让你对达尔文的观察有更加清晰的认识。

	生殖器官和功能	配子
首次杂交	纯粹的物种，生殖器官的结构和功能都是完善的，但是，两个不同的物种在进行杂交时往往无法产生后代，或只有极少部分的物种杂交可以产生后代	完善
杂种后代	杂种的生殖器官在功能上已不起作用，但结构是完善的	要么完全不发育，要么发育得不完善

配子是指生物进行有性生殖时由生殖系统所产生的成熟性细胞，也叫生殖细胞。精子和卵子就是配子的一种。

在我看来，变种的杂交能育性及其产生的混种后代的能育性，与杂交不育性同样重要，因为它们在物种和变种之间画出了一条清晰的界限。

达尔文认为，一方面，各个不同物种杂交时的不育性表现出显著的差异。有些物种之间的杂交几乎总是不育的，而有些物种之间的杂交则可能会产生能育的后代。另一方面，纯粹物种的能育性可能受到环境的影响。环境条件

的变化可能会影响生物的繁殖成功率，从而影响它们的能育性。

此外，达尔文还观察到，即使杂种具有能育性，它们也可能在连续世代中逐渐失去这种能育性。

通过大量观察和实验，达尔文认为，杂种在最初的几个世代中，能育性会出现突然降低的情况，这是由于近亲交配带来的后果。

那马和驴为什么可以杂交并产生后代呢？
这是一种十分特殊的现象，因为马和驴的亲缘关系相近，被人类驯化的时间很长，生活环境、饲养环境类似，所以才能杂交。不过，即使如此，它们杂交所生育的骡子也没有办法继续繁衍，这就是生物学上所说的生殖隔离。

可是，我们既然已经知道了杂交不育的原因，为什么还要了解达尔文的分析和推理呢？
与浩瀚的宇宙相比，我们所了解的知识显得无比渺小，我们要学习的除了知识以外，还有解决问题的方式，只有这样，才能更好地面对未知的世界，去解决那些不得不面对的难题。

直到1940年，进化生物学家恩斯特·迈尔才提出了生殖隔离概念，他认为，物种是指可以互相交配繁衍后代的自然种群组成的群体，并且与其他这样的群体之间具有生殖隔离。

好了，现在，让我们先抛开现代生物学得出的结论，看看达尔文是怎样进行他的下一步研究的。

欧洲鹅 + 中国鹅 = ?

赫伯特牧师的实验在温室中进行，他用卷叶文殊兰的花粉为长叶文殊兰受精，最终得到了一个植株，在自然受精的状态下，这种现象从来没有出现过。更有趣的是，达尔文发现，半边莲属和其他一些属的某些物种，更容易接受其他物种花粉的受精，然而，同株花粉反而不容易让它们受精，朱顶红属的所有物种几乎都存在这种现象。

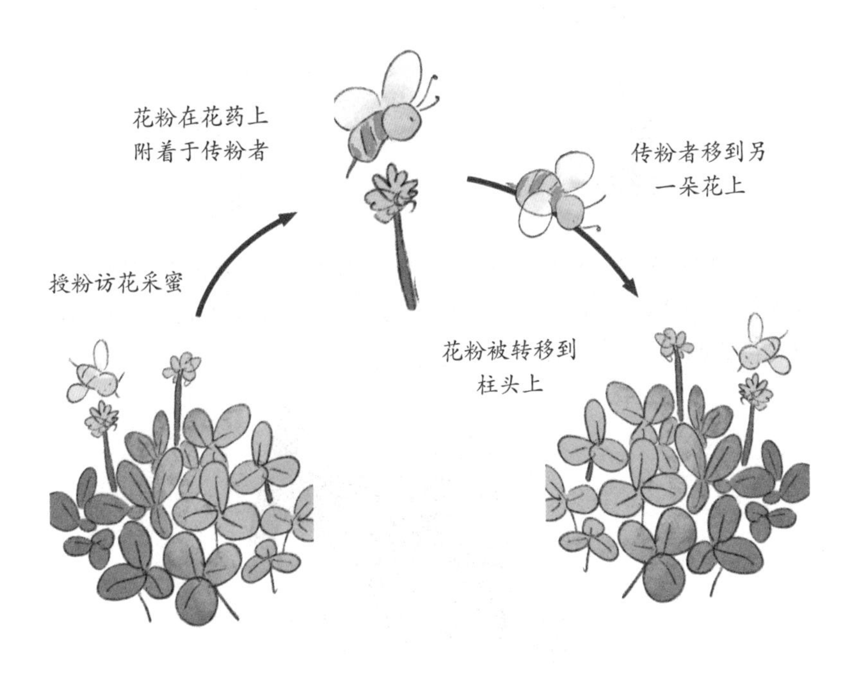
花粉在花药上
附着于传粉者
传粉者移到另
一朵花上
授粉访花采蜜
花粉被转移到
柱头上

授粉是植物结成果实必须经历的过程。花朵中通常都有一些黄色的粉，这叫作花粉。这些花粉需要被传给同类植物某些花朵。花粉从花药到柱头的移动过程叫作授粉。

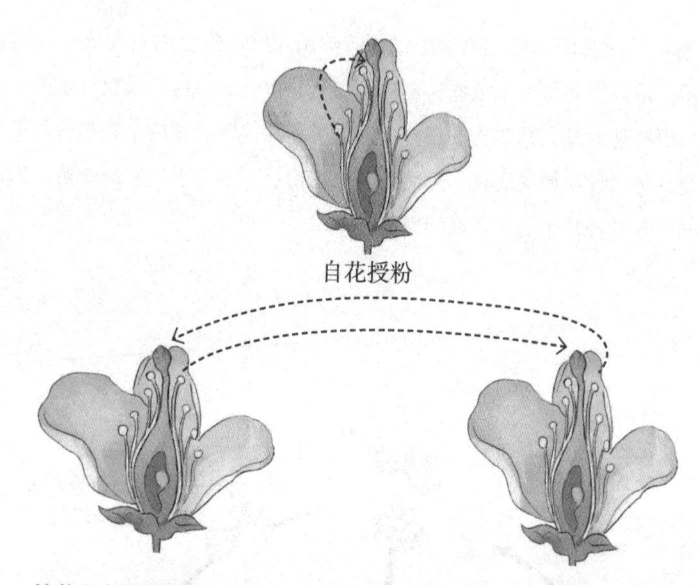

自花授粉

植物的授粉可以分为自花传粉和异花传粉两种：前者指的是植物成熟的花粉粒传到同一朵花的柱头上，并能正常地受精结实的过程；后者指的是雌蕊接受来自另一朵花的花粉，完成受精过程。

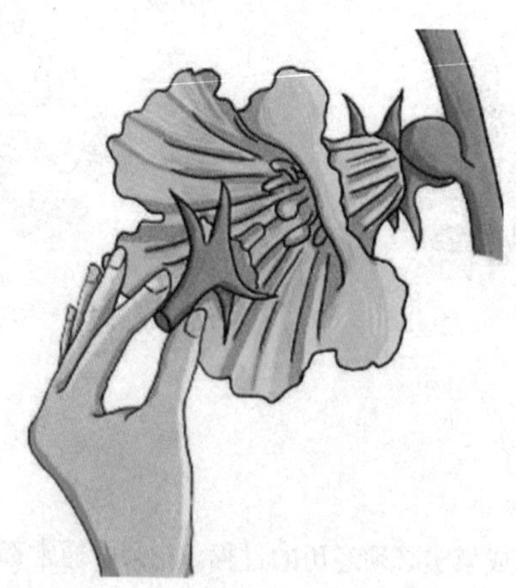

农业和园林业常采用人工授粉的方式，克服因条件不足而使传粉得不到保证的缺陷，达到提高产量等目的。

雌蕊和雄蕊分别由哪些结构构成?

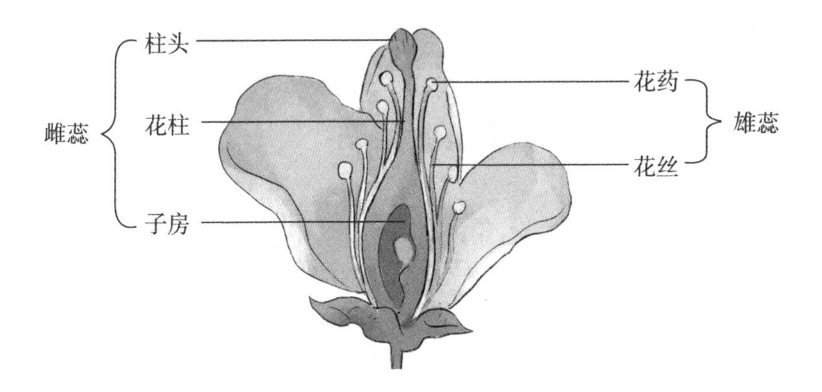

当然，人工授粉的前提是要分清雄蕊和雌蕊。一般来说，雄蕊和雌蕊有以下区别。

● 体型不同：雄蕊一般体型较小，分散在雌蕊周围。雌蕊一般占据花朵的中心位置，体型较大。

● 数量不同：雄蕊的数量一般比雌蕊要多。

● 形状不同：雄蕊一般比较细小，头部很多，雌蕊则相对较大，花柱也比较粗壮。

● 组成不同：雄蕊由花丝、花药组成，雌蕊由柱头、花柱和子房组成。

● 作用不同：雄蕊的主要作用是产生花粉，雌蕊的柱头上有黏液，可以吸附花粉。花粉落在雌蕊的柱头上后开始生长，之后穿过雌蕊到达子房和卵子结合，从而发育形成种子。

你看，在我们上面说的例子中，这些植物似乎更愿意接受不同物种的花粉，对自己的花粉却十分排斥，这真是太奇怪了！

就像我们看到的，朱顶红的一个球茎上开了四朵花，赫伯特在实验中用它自己的花粉为其中的三朵花授粉，这三朵花全都枯萎了，而最后一株花，赫伯特使用了三个其他不同物种传下来的一个复合杂种的花粉，结果，这朵花却生长得十分旺盛，还结下了可以生长的种子。

赫伯特在信中对达尔文说，在之后的五年时间中，他又做了相同的实验，总是得到一模一样的结果。不仅如此，半边莲属、西番莲属、毛蕊花属等物种也存在类似的情况。

不仅如此，达尔文还发现，同一物种的不同变种之间杂交，不仅完全能育，杂种的能育性也很强。这些看上去十分奇怪的现象，只能让达尔文感叹一句：“决定一个物种在杂交时能育性高低的原因，真是让人摸不着头脑啊！”

达尔文当时无法解释的问题，现代生物学已经提供了很多解释的思路。

基因兼容性：同一物种的不同变种之间通常会共享许多相似的基因，这些基因在物种内是相互兼容的。这意味着即使不同变种之间存在一些基因的差异，这些差异可能也并不足以阻止杂交后代的正常发育和繁殖。兼容性基因的存在有助于确保同一物种的不同变种之间杂交后代的能育性。

生境相似性：同一物种的不同变种通常生活在相似的生态环境中，这可能导致它们的生活史和生态需求相似。这种相似性可以促进杂交后代的生存和繁殖成功，因为它们更容易适应相似的环境条件。

遗传多样性和进化历史：杂交有时会导致基因的重新组合，这可能有助于创造新的遗传多样性，使后代更具适应性。如果不同变种之间的杂交能够增加后代的遗传多样性，并提供一些优势特征，那么这些后代可能会在进化过程中保持能育性。

生殖隔离机制的缺失：生殖隔离机制通常是物种分化的关键因素。在同一物种的不同变种之间，这些隔离机制可能没有充分发展，使得杂交更容易发生，并且后代更容易具有高度的能育性。

接下来，我们来看看动物的情况。

在达尔文生活的时代，欧洲鹅和中国鹅被归为两个不同的属，然而，它们杂交不仅能够产生后代，而且，后代与亲种交配也是可育的。在某些例子中，杂种与杂种之间交配也可以产生后代。

在印度，这种杂交产生的杂种鹅被成群结队地饲养，它们都是可育的。这又是为什么呢？用现代生物学来解释，杂交能够成功产生可育后代，表明欧洲鹅和中国鹅之间可能存在足够的遗传相似性，使得它们的基因在交配过程中能够有效地结合和传递。另外，杂交过程有助于引入新的遗传多样性，这对于生物进化和适应性非常重要。这些杂交后代可能会表现出合并了不同亲本的有利特征，使它们在生存和繁殖方面具有优势。当杂交后代与亲种交配时，它们也是可育的，这表明这种杂交能力可能会继续存在并且传递给后代。

因此，达尔文认为，我们的家养动物，绝大多数都是从两个或两个以上的野生物种传衍下来的，然后再通过杂交产生能育的杂种，或者是某些杂种在家养状态下变得可育了。

通过植物和动物杂交的例子，我们可以得出一个结论：无论首代杂交还是后代杂种之间，均具有某种程度的不育性，这是十分普遍的现象，却不是绝对的。

● 不同物种之间，往往不能杂交产生后代，但这不是绝对的，比如，马和驴杂交就能生育骡子，不过，杂种一般没有生育能力。

● 不同属的植物杂交可以提高可育性。

● 不育性的程度和亲缘关系有关，还受到一些奇妙法则的支配。

● 同一物种的不同变种之间杂交是可育的，而且，杂种也具有生育能力，比如我们上面说到的中国鹅和欧洲鹅。

达尔文带你看世界

3 自然物种大百科

[英] 查尔斯·达尔文◎著　王阳◎编　凌炳灿◎绘

天津出版传媒集团
天津科学技术出版社

目录 CONTENT

第一章 亲缘

第二章 残缺的“书”

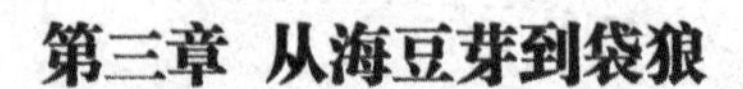

第三章 从海豆芽到袋狼

第四章 这就是“超能力”

第五章 审判“猴子”

第一章

亲缘

亲缘关系

首代杂交不育指的是两个不同物种之间第一次杂交无法生育，杂种不育指的是杂交产生的后代无法生育。

经过大量观察研究，达尔文发现，在植物界，杂交不育在不同的物种身上有着很大的差别。比如，把同属不同物种的花粉放在某一个物种的柱头上，能育性会从零开始，形成一个逐渐增长的曲线，直到完全能育。在某些特殊情况下，甚至会出现过度能育性。

杂种的情况也大致相同。部分杂种，即使用纯粹亲本的任何一方的花粉来受精，也不会产生任何一粒种子。从这种极端的不育性开始，如果我们用杂种自行交配，则会产生越来越多的种子，直到完全具有能育性。

在某些情况下，如果用纯粹亲种的花粉来给杂种授粉，杂种的花会出现早谢的情况。早谢是受精初期的一种征兆，也就是说，这类杂种已经表现出了一定的可育性。

除此之外，达尔文还发现，一方面，在很多情况下，两个纯粹的物种极易杂交，并能够产生大量杂种后代，但是，这些杂种却是不育的；另一方面，有些物种极难杂交，但杂交产生的杂种却十分能育。

经过分析，达尔文认为，首代杂交能育性以及杂种的能育性，更容易受到不利条件的影响。但是，这种能育性的程度本身也存在差异性，两个不同的物种，即使在相同的环境下进行杂交，也会产生不同的结果，因此，达尔文得出结论：物种杂交能育性的程度，取决于它们之间亲缘关系的远近。

亲缘关系指的是物种之间在构造上和体质上的相似性，这里的构造尤其是指一些在生理上有极高重要性、在近缘物种间无甚差异的器官的构造。

达尔文时代，博物学家们一般通过动植物形态上或解剖学上的相似性和差异性来确定其亲缘关系。随着基因技术的发展，我们现在可以通过比对两物种 DNA 同源序列的趋异度来确定物种亲缘关系的远近。

达尔文认为，亲缘关系越密切的物种，越容易杂交，比如我们前面提到过的驴和马。不过，这种规律并不是绝对的，有大量的例子表明，很多亲缘关系极为密切的物种之间并不能杂交，或者极难杂交；而看上去十分不同的物种之间，却能极其容易地杂交。

烟草属内很多物种，比起其他任何属的物种都更易杂交，但是，智利尖叶烟草与烟草属内不下八个其他物种进行过杂交，却根本无法受精，类似的例子还有很多。

没有人能够说明，究竟物种之间存在什么样的差异，才能阻止杂交。我们现在知道的是，即使习性和外观最为不同的，而且花粉、果实以及子叶均具有极为显著差异的植物，也能够杂交。一年生植物和多年生植物，落叶树和常绿树，生长在不同地点而且适应于极其不同气候的植物，也能够很容易地杂交，想要找到绝对的规律真是太难了。

苹果树 + 海棠树 = ?

接下来，我们要跟随达尔文的脚步，看一看另一种更为复杂的杂交情况。

公驴
母马
公马
母驴
先以公马与母驴杂交，然后再以公驴与母马杂交，我把这种情况称为交互杂交。

科尔路特在实验中发现，长筒紫茉莉的花粉能够很容易使紫茉莉受精，而且它们之间的杂种是能育的。但是，在之后的八年时间中，科尔路特连续做了 200 多次实验，想用紫茉莉的花粉使长筒紫茉莉受精，结果却失败了。

也就是说，它们之间的交互杂交没能成功，同样的例子还有很多。比如，小麦和大麦属于同一属，它们之间可以进行杂交。然而，杂交后代的能育性在不同实验中可能会有不同的结果，有时可育，有时不育。

又比如，甜橙和柚子是柑橘属内的两个不同种。它们之间的杂交可以产生珍珠柚。珍珠柚通常比常见的柚子要大，有时可以比一个成年人的头部还要大。其直径通常在 15 ~ 30 厘米。

在农作物方面，杂交是一种改良品种的有效手段，你一定听过大名鼎鼎的杂交水稻吧，它就是通过杂交不同水稻亚种（通常是籼稻和粳稻的杂交）培育更高产的水稻品种。

还有一个十分有趣的现象，从交互杂交产生的杂种，根据父本和母本的不同，可育性也会不同。

我们都知道，外貌也是可以遗传的，那么，影响杂交不育的因素会不会和杂种的外貌特征有关呢？对此，达尔文又做了大量实验，并把杂种的情况分为两类。

外貌酷似亲本一方的，一般是极度不育的；

外貌处于亲本之间的，一般是极度不育的。

因此，我们可以得出结论：外貌特征与杂种不育也没有必然联系。

当时很多博物学家认为，物种之间杂交不育及杂种不育是大自然为了不让物种互相混淆而赋予它们的特性，但是，达尔文却不这样认为，并提出了四组相互矛盾的现象。

- 物种之间杂交不育性程度为什么会存在这样大的差异？
- 为什么有些物种易于杂交，产生的杂种却不育？为什么有的物种不易杂交，却能产生可育的杂种？
- 为什么同样的两个物种，交互杂交却产生了不同的结果？为什么自然界会允许杂种产生？
- 为什么允许物种之间杂交产生杂种，却用不育性来阻止它们繁衍？

这些问题，当时的达尔文很难找出答案，只能通过更多的方式来思考，于是，他又想到了植物的嫁接。

嫁接是一种古老而精密的植物人工繁殖技术，它广泛应用于农业、园艺和果树栽培领域。它的原理是将一株植物的特定部分（通常是枝条、芽眼或叶片）与另一株植物的茎、根或枝条相结合，以促使这两个部分在一起生长并形成一个完整的、新的植株。嫁接过程有两个主要组成部分。

砧木：砧木是接收接穗的植株，通常是已经成熟并且有稳定生长的植物。砧木的根系通常强大，可以提供充足的水分和养分，有助于新植株的生长。砧木的选择通常是基于其对特定环境条件的适应性以及对病虫害的抵抗力。

接穗：接穗是来自母本植株的植物部分，它具有所需的特性，如特定的果实、花朵或叶片特征。接穗被嫁接到砧木上，以便新植株继承这些特性。接穗的选择通常基于所需的品种、特性或用途。嫁接的过程包括将接穗与砧木的表面削平，然后将它们牢固地结合在一起。一旦嫁接成功，接穗将开始生长，并利用砧木的支持和养分来建立新的植株。

我们平时吃的苹果很多都是嫁接在海棠树上长出来的，这样做的好处非常多，比如：

生长快：海棠树通常生长迅速，它们的根系能够快速发展和吸收水分和养分，为上部的苹果树提供了坚实的支撑。

根系发达：海棠树的根系往往相当发达，这有助于提供足够的稳定性和养分吸收能力，确保苹果树的健康生长。

吸收水肥能力强：海棠树的根系通常具有出色的水分吸收能力，这对于在干旱条件下为苹果树提供充足的水分非常重要。此外，它们也能够吸收土壤中的养分，为苹果树提供所需的营养。

此外，嫁接时会使用适当技术，并且创伤愈合速度快，这有助于提高嫁接的成功率。因此，通过将苹果树嫁接在海棠树上，不仅可以充分利用这两种植物的优势特性，还可以提高嫁接的成活率，加速果树的生长，最终提高水果产量和质量。

在我看来，嫁接和杂交十分类似，也受到亲缘关系的限制，亲缘关系相近的物种很容易就能嫁接在一起，不过，这也不是绝对的。

达尔文发现，梨树和温桲树虽然是不同属，却可以轻易地嫁接在一起，而梨树和苹果树虽然是同属，却很难嫁接在一起，这样的例子还有很多。

在嫁接时，交互杂交的问题也同样存在。醋栗树不能嫁接到黑醋栗上，然而黑醋栗却可以嫁接到醋栗树上。

根据这些实验的结果，达尔文认为：无论是杂交还是嫁接，都会受到亲缘关系的影响，却又不是绝对的。这些事实证明，嫁接和杂交的困难程度并不是“上帝”所决定的。

现代生物学告诉我们，除了亲缘关系之外，嫁接能否成功，还受到很多因素的影响，比如生殖隔离机制，植物通常具有多种生殖隔离机制，以防止不同物种之间的杂交。这些机制包括花部结构、花粉相容性和染色体数目。尽管梨树和苹果树同属于梨属，但它们可能具有一些不同的生殖隔离机制，这使得它们在嫁接时更难以成功结合。另外，还有遗传背景多样性的影响，同一属内的不同物种可能具有广泛的遗传多样性。在某些情况下，即使两个物种属于同一属，它们的遗传差异也可能足够大，以至于嫁接时的相互适应性较低。这种遗传多样性可以影响嫁接的成功率。

自然界没有飞跃，科学也同样没有。

现代科学回答了达尔文感到困惑的问题，然而，在过去的漫长岁月中，正是由于像达尔文一样的科学家们提出假设、不断进行实验和观察，科学的边界才一点一点拓展开来，有了我们现在的“星辰大海”。

自然界中还有无数奥秘等着我们去探索，“达尔文们”的故事也远远没有结束，也许有一天，你也能够成为故事的主角。

第二章

残缺的“书”

一亿年，两亿年……

在前面的内容里，我们简单地讲过难以寻找过渡物种的问题。按照自然选择原理，新的物种不断取代它们的亲本类型，那么，曾经生活在地球上的中间类型，数量必然十分庞大，地质学家们应该也能找出一条完整的物种进化生物链条，可是，当时的地质学并没有发现。因此，这成为物种起源学说的巨大挑战，达尔文该如何解释这样的现象来证明自己的学说呢？

我认为，地址记录
的不完整性可以解
释这种现象。

就像我们前面说过的，地址记录就像一本厚厚的书，生物化石就是这本书上的文字。按照达尔文的观点，这本书上的记录是不完整的，而这种不完整性是由许多因素决定的。

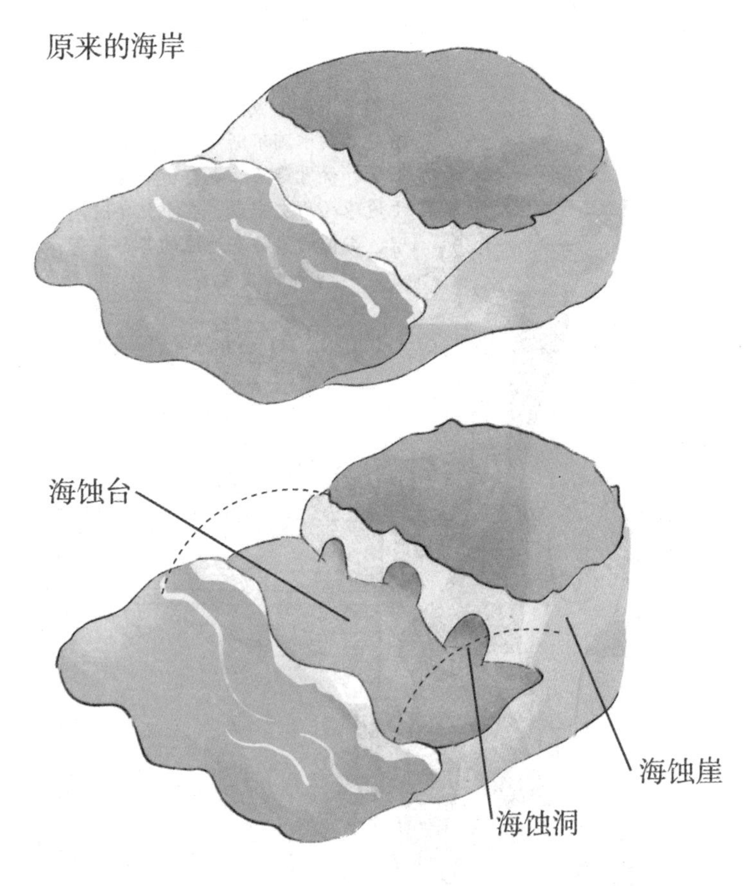

海岸侵蚀是指在风、浪、潮、流的作用下，海水将岸边的泥沙带走，造成海岸线后退和海滩下蚀的现象。

我们中国有个成语叫水滴石穿，意思是只要水滴不断滴下，只要时间够长，就算是石头也会被滴穿。对于地球的历史来说，在上亿年时间中，类似的事件在地球的各个角落不断发生着。

在海岸侵蚀作用的影响下，岩崖的基部会被掏空，巨大的石块坠落下来，堆在那里，然后一点一点地被磨蚀。我们在后退的海岸岩崖基部，经常能够看到一些石头上长满了海洋生物，而那些被侵蚀的岩崖中又藏着多少古生物化石呢？

沉积岩是地球上最常见的三大岩类之一，也是组成地球岩石圈的主要岩石之一，地球表面有 70% 的岩石是沉积岩。沉积岩是在地表不太深的地方，由其他岩石的风化产物和一些火山喷发物，经过水流或冰川的搬运、沉积、成岩作用形成的，砾岩就是常见的沉积岩。

达尔文曾去过南美洲西部的科迪勒拉山，按照他的估算，那里的砾岩层厚达 10000 英尺（约 3048 米）。而在英国，根据当时地质学家拉姆齐教授的研究，砾岩层最厚的地方达 72584 英尺（约 22123 米）！

砾岩层的形成需要三个条件，供给岩屑的源区、足以搬运碎屑的水流、有搬运能量逐渐衰减的沉积地区。

根据当时地质学家们的估算，密西西比河沉积物沉积的速率每十万年只有 600 英尺（约 183 米）。

除了侵蚀和沉积岩之外，断层也是很常见的地质现象。

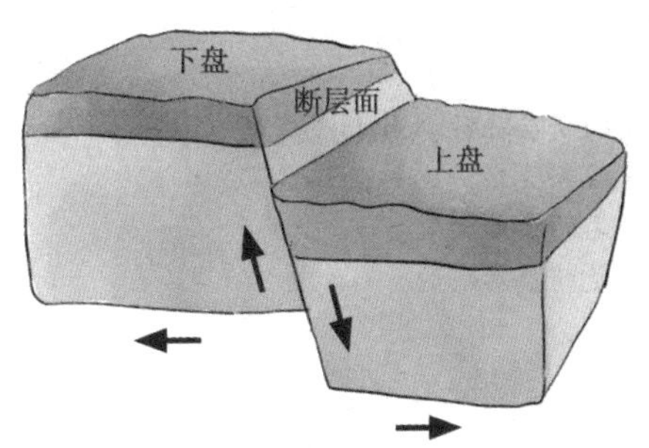

断层是地壳受力发生断裂的现象。

地质学家拉姆齐曾告诉达尔文，英国的梅里欧尼斯郡有一处陷落达12000英尺（约3658米）的断层，从地表上看，已经没有任何痕迹能够显示地质运动的痕迹了。

大的断层往往会形成裂谷和陡崖，比如，著名的东非大裂谷就是断层形成的。

东非大裂谷位于非洲东部，被称为“地球伤疤”，长度相当于地球周长的 1/6。

英国威尔德地区有 22 英里（35.4 千米）长，平均厚度约 1100 英尺（约 335 米）的沉积岩，根据达尔文的推算，这里沉积岩的形成经历了几乎 3 亿年时间！

从诞生开始，地
球的历史已经长
达 46 亿年。
4600000000

就算是现在看起来连接在一起的大陆和海洋，在更早的时候有可能是处于隔绝状态。

我说这些是为了证明，在过去数以亿年计的漫长岁月中，地球上生存过数不尽的物种，而这些物种留下的化石又在复杂的地质作用下变得不再完整，以人类微薄的力量根本无法了解其中的奥秘。不过，即使如此，它对我们也有着极为重要的价值。接下来，就让我们一起去地质博物馆看看吧！

地质博物馆

在达尔文生活的时代，由于技术的限制，古生物化石是很不完全的。

很多化石物种的发现和命名，都是根据单个的，而且常常是破碎的标本进行的。

爱德华·福布斯是英国19世纪最为著名的博物学家之一，被誉为“现代海洋生物学之父”。

在自然条件下，化石的形成实在是一件概率极小的事。

- 完全的软体动物会迅速腐烂，很难被保存下来。
- 即使是生活在海底的贝壳，如果死亡后没有被泥沙迅速掩埋，也会腐烂和消失。
- 即使贝壳在海底被保存下来，当出现底层上升时，也会被雨水溶解。
- 生活在海边的生物，由于海水的冲刷，也很难被保存下来。
- 生活在陆地的动物，如果死亡后没有迅速被冲入河流、湖泊或海洋迅速掩埋，也会腐烂消失，植物也同样如此。

总而言之，达尔文认为，物种在任何一个时期都会呈现出界限分明的有序状态，并总结出了以下四个原因。

一般情况下，化石的形成必须满足四个条件。

● 古生物必须有能够保存为化石的硬体，如贝壳、骨骼、牙齿等，才能不腐烂或被其他动物吃掉，在非常有利的条件下，某些脆弱的生物也有可能形成化石。

● 死亡生物的遗体要在隔绝氧气的环境下保存，比如被水冲下的沉积物迅速掩埋。很多海洋生物都能变成化石，这是因为海洋生物死亡后会沉在海底，迅速被软泥覆盖。

● 被掩埋的尸体要有足够长的时间，一般来说，化石的形成需要一万年以上的时间。有些生物在死亡后满足了各种条件，却在冲刷等各类因素的作用下遭到破坏。

● 沉积物在固结成岩石的过程中，压实作用和结晶作用都会影响化石的保存。

你看，生物死亡后想要形成化石，简直比唐僧师徒西天取经还要难。然而，即使部分动植物侥幸成为化石，也要有足够的“运气”，在地质运动或采矿等活动中恰巧暴露，如此才能被古生物学家们发现。

无论是化石的形成还是发现，都需要“幸运女神”的眷顾，然而，地质记录的不完整性，主要还是源于另一个原因：在几套地层之间，往往存在着漫长的时间间隔。

一套地层指的是在一个地质年代单位时间里形成的地层。根据生物演化的不同阶段、系统和对应的地质年代表，可以将地球的46亿年历史以6个不同的地质年代划分，由大到小分别是宙、代、纪、世、期、时。

宙	代	纪	绝对年龄	生物演化	
				植物演化	动物演化
显生宙	新生代	第四纪	260万年		灵长类
		新近纪	2330万年		
		古近纪	6500万年		哺乳类
	中生代	白垩纪	1.37亿年	被子植物	
		侏罗纪	2.05亿年		
		三叠纪	2.50亿年	裸子植物	爬行类
	古生代	二叠纪	2.95亿年		
		石炭纪	3.54亿年	蕨类植物	两栖类
		泥盆纪	4.10亿年		
		志留纪	4.38亿年	裸蕨植物	鱼类
		奥陶纪	4.90亿年		
		寒武纪	5.43亿年		无脊椎动物
元古宙	新元古代		10亿年		
	中元古代		18亿年	绿藻	
	古元古代		25亿年	真核生物	
太古宙	新太古代		28亿年		
	中太古代		32亿年	蓝藻	
	古太古代		36亿年		
	始太古代		40亿年	原核生物	
冥古宙			46亿年	地球形成与化学进化期	

就像达尔文说的那样，在很多情况下，几套不同的地层之间存在着巨大的时间间隔，而存在于底层之中的古生物化石，也很难形成连贯的演化链条。

由于上面说到的各种原因，每一个区域的地质层几乎都是间断的，就像在看一本中间短缺的书。

经过在海岸边长期进行观察与研究，达尔文认为，海岸的沉积物必须非常厚、非常坚实、非常广泛，才能抵御长期的海浪侵蚀和其他地质作用。这种类似的沉积物可以通过两种方式形成：要么在海洋深处沉积，要么在浅海底部缓慢沉积成足够的厚度，这种厚度足以抵抗任何程度的侵蚀作用，即使上升成为陆地，也能在漫长的时间中抵御地质作用。

1845 年，达尔文发表了自己的这一观点，同一时期，几乎所有的地质学家都得出了类似的结论。

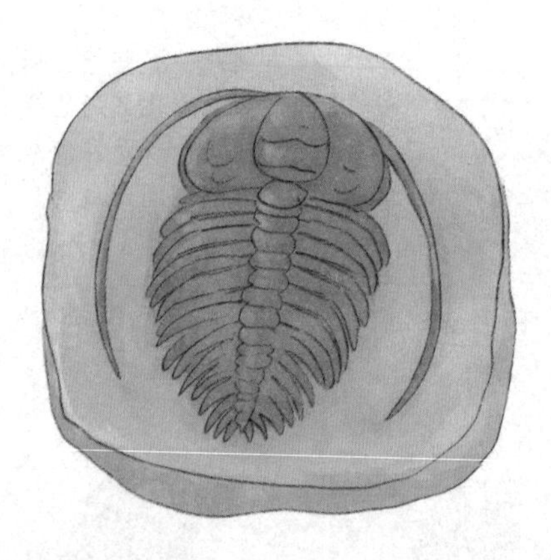

三叶虫是远古时期的一种海洋生物，诞生于寒武纪，消亡于二叠纪末期，在地球上生活了超过 3 亿年。

珠穆朗玛峰位于我国西藏境内，是世界最高峰，海拔 8848.86 米。1960 年，中国登山队第一次攀登珠穆朗玛峰时在山顶找到了三叶虫化石，这证明，世界第一高峰居然曾经沉在海底。

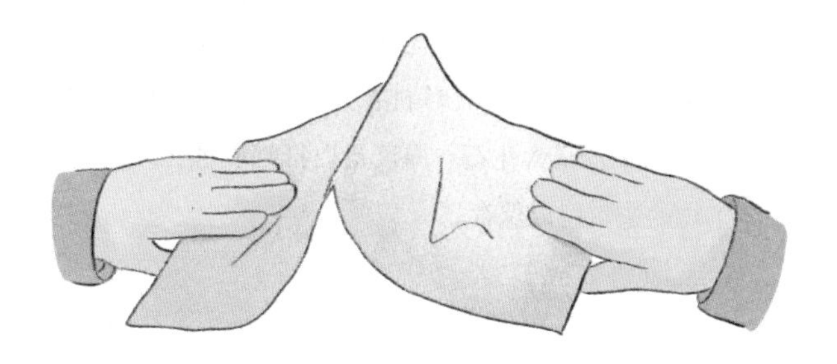

拿一张纸，两只手同时从两边向中间挤压，你会发现，纸的中间会凸起来，这正是喜马拉雅山形成的原因。

喜马拉雅山脉

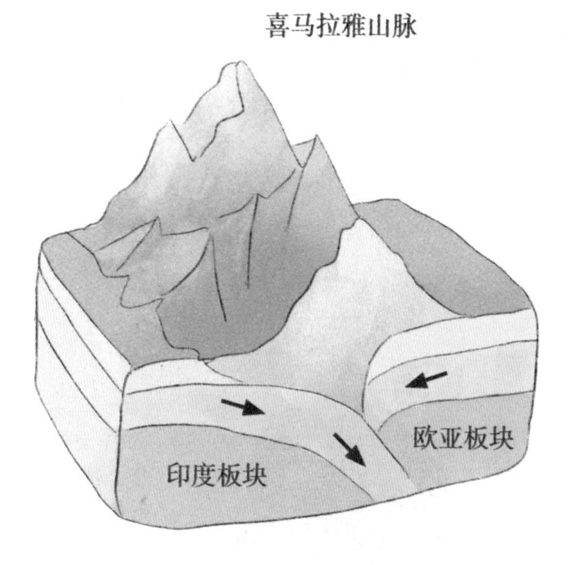

大约 6500 万年前，印度次大陆向欧亚大陆冲来，并最终撞上欧亚大陆，“挤”出了珠穆朗玛峰，曾经的海底变成了高山，这就是沧海桑田的最好见证。

地质学家告诉我们，在地球长达数十亿年的历史中，每个地区都曾经经历了无数缓慢的海平面波动，影响范围之大，波及范围之广难以想象。在海平面变动过程中，富含化石、厚度足以抵挡剥蚀作用的地层里的微生物和海洋生物的遗骸得以保存。

正是由于海底抬升、剥蚀作用、地壳断裂等一系列沧海桑田的变化，导致地质记录几乎总是断断续续的。

在海底抬升的同时，陆地面积和毗邻的海洋浅滩面积也会增大，所以常常会形成新的生活场所，诞生很多新物种。但是，在此期间，地质记录也是空白的，这些物种就像是从“外星空降”的一样，这也造成了地质记录的严重空缺。沉降期间，在无数新物种形成的同时，原有生物分布的面积和数量都会减少。

漂洋过海的动物们

达尔文上面讲的生物故事都得到了地质学家的证实，可是，另一个难题又摆在了他面前：如果说，不同地层之间的生物连续性受到了地质运动等多种因素的影响而变得时断时续，可是，同一套地层中为什么也没有发现紧密过渡的各个变种呢?

这是因为，尽管每一套地层的形成都会经历极其漫长的岁月，但是，比起一个物种变成另一个物种所需的时间，还是显得太短了。

达尔文认为，如果我们发现某个物种在一套地层最顶部沉积之前消失了，就认为它们灭绝了，这种结论是非常草率的。大量事实表明，在地球生物发展历史上，由于气候和其他生存环境的变化，所有类型的海洋生物、很多陆生生物都进行过大规模迁徙。当我们发现某个物种在某套地层出现时，很可能它刚刚迁徙到这里。同样的道理，如果我们发现某个物种的连续性在同一套地层中消失时，它很有可能“搬家”到了其他地方。

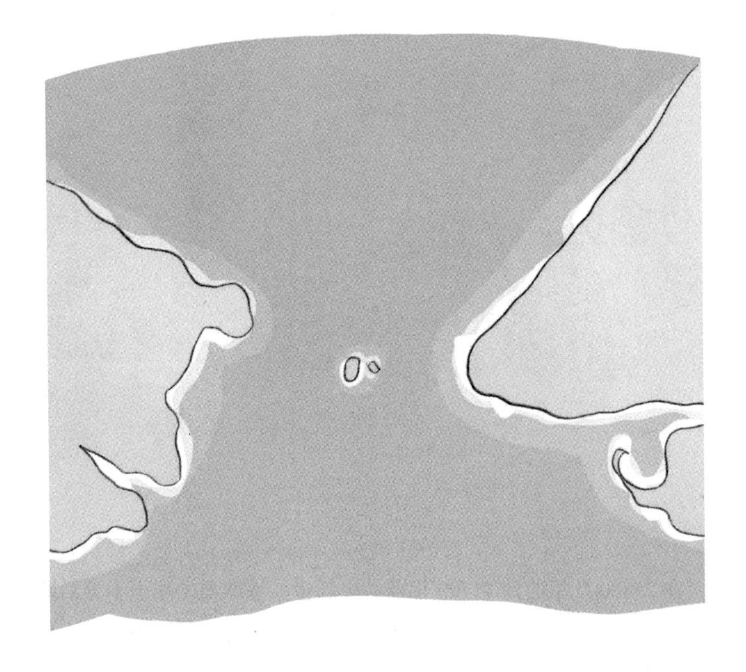

在欧亚大陆最东点的迭日涅夫角和美洲大陆最西点的威尔士王子角之间，有一条长约 60 千米的白令海峡。

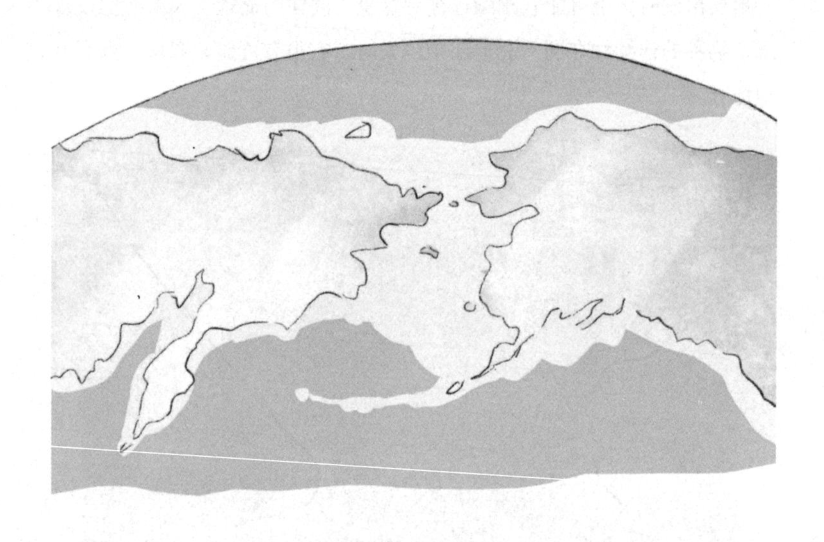

在 2588000 年前到 11700 年前的更新世，地球上的冰川十分活跃。当时，全世界的海平面比今天低 120 米左右，随着冰盖的增长，浅海的海底就露出了水面，白令海峡便形成了白令陆桥。

大陆桥形成之后，猛犸象等动物通过陆桥迁徙到美洲，晚期智人也在这时到达美洲，开始生存繁衍。

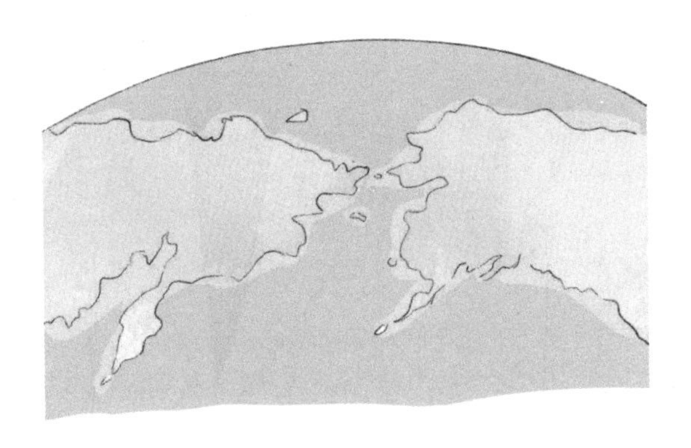

在距今约 11000 年前，白令陆桥沉入海底，已经迁徙到美洲的生物无法通过继续迁徙来扩充种群，导致了很多物种在美洲灭绝。在阿拉斯加地区通过迁徙到达美洲的物种，只有驯鹿、棕熊和麝牛存活到了今天，其中，麝牛是后来重新被引入该地区的。

类似于白令陆桥这样的地理现象，在地球的历史上并不罕见。地球冰期除了会产生陆桥，影响陆生生物的分布之外，还会引起地球环境、气候等条件的变化，很多无法适应变化的物种大量灭绝。

在距今 2 万年到 1 万年前，欧亚大陆北部、大洋洲、美洲、马达加斯加的数十种大型动物走向灭绝，北美 70% 的大型哺乳动物突然消失。

剑齿虎生活在 300 万年到 1 万年前，它们体型庞大，四肢肌肉发达，有长达 120 毫米、利刃一样的牙齿。更新世时期，随着气候的变化，很多大型食草动物无法适应这种巨变而纷纷灭绝，依靠这些动物为食的剑齿虎也由于无法获得足够的食物而走向灭绝。

除了对陆生生物的影响之外，地球环境的变化对海洋生物同样影响巨大，海洋中的沉积物也无法在冰期的整个期间持续堆积。

想要在同一套地层的上部、中部和下部得到完整的渐变链条，必须同时满足以下条件。

● 沉积物必须在非常漫长的时间中一直积累，给生物变异足够的时间。

● 经历变异的物种必须在极其漫长的时间里一直生活在同一区域内。

就像我们说过的，无论是环境变化导致的物种灭绝还是生物大规模迁徙，都会导致这一连续过程的中断，使岩层这本厚厚的"古生物百科全书"变得残缺不全。

除了受这些因素影响之外，一套单独的地层的堆积过程往往也不是连续不断的。比如，一套地层往往由不同的矿物层构成，完全可以合理地推测，一套岩层在沉积过程中出现了很多间断。

还有很重要的一点，博物学家们并没有绝对的标准来区分物种和变种，就像我们前面说过的，每个物种都存在细微的变异，只有当变异足够大时，变种才会被列为不同的物种，除非，我们能在地质层中找到全部的中间环节，把两个物种联结起来。

因此，达尔文提出，我们假设 B 和 C 是两个不同的物种，A 是它们之间的过渡物种，在这种情况下，除非能够找到一系列中间物种把它们三个连起来，否则，我们也无法确定它们之间的关系，这也是导致地质记录不完整的重要原因。

现在，我们有了基因学的帮助，可以通过对比两个物种 DNA 同源序列的趋异度来判断它们之间的关系，不过，达尔文时代并没有这种技术，所以才会做出这样的推论。

我们还有一个问题需要解决：那些繁殖速度很快，又懒得“搬家”的动植物，它们产生的变种一般都是地方性的，它们为什么没能在同一套地质层中留下连续、完整的变异链呢？达尔文认为，这类动植物只有在构造和器官等方面产生巨大变异时，分布范围才会变得非常广，并且“消灭”掉亲本物种，产生新物种。也就是说，它们从“懒”变得“勤快”了。可是，这样一来，由于分布范围扩大，同一套地层中的地质记录就又会变得不完整。

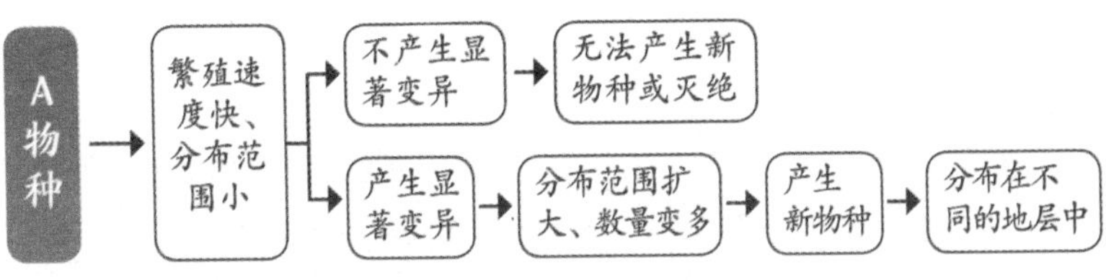

你看，不管是上面哪一种情况，我们都无法在同一套地层中找出完整的物种变异链条，结果千篇一律。

在达尔文生活的时代已经有很多完整的动植物化石、标本可以研究，但是，依然很少能够找到一些中间类型把两个物种联结起来。

不知道未来的古生物学家们能不能找到足够的化石，证明我们熟悉的牛、绵羊、马以及狗的各个品种是从同一个祖先或者几个原始祖先传下来的？有没有足够的化石可以证明，栖息在北美洲海岸的贝壳，到底是某个贝壳的变种还是新的物种？

这就是达尔文的痛苦，由于技术条件的限制，他的很多理论都无法得到证实，只能把希望寄托在未来的某个时代。
我也有个关于未来的愿望。
什么愿望？

我希望未来可以真的发明出时光机，这样，我就能穿越到达尔文的时代告诉他，他的理论已经通过基因学、古生物学等各种学科得到了证实。
其实，我们也像达尔文一样，只能把很多科学结论的证明交给未来的某个时代，这就是科学精神的传承。

海岛上的“匹诺曹”

由于当时的地质学家、古生物学家无法找到足够多的中间物种来证明达尔文的进化论，因此，他只能不停地通过各种方法来获得答案，去证实自己的推论。

接下来，我会用一个非常有趣的例子来做一个简单的小结。

马来群岛位于亚洲东南部太平洋与印度洋之间辽阔的海域上，也叫南洋群岛，由两万多个岛屿组成，是世界上面积最大的群岛。

长鼻猴是马来群岛上的一种特有动物，雄性长鼻猴的鼻子很长，像童话中的匹诺曹一样。情绪激动时，它们的大鼻子就会向上挺立或上下晃动，非常有趣。在生物方面，马来群岛是世界上最丰富的地区之一。

如果把马来群岛上生
活过的和现存的所有的生物都搜集起来，那绝对
是一本地球生物大百科全书！

还有一点至关重要，马来群岛的现状，代表了历史上欧洲大多数地层堆积时的状态。

根据在上文中说过的原理，达尔文得出一个结论：马来群岛的陆生生物，在地层中保存得极不完善。

● 生活在海滨的动物和生活在海底岩石上的动物，被掩埋的机会不多。

● “有幸”被掩埋在砾石和沙子中的生物，无法在长久的时间中保存。

● 在海底没有沉积物堆积的地方，或者在堆积速度无法保护生物体的情况下，生物的遗骸也无法保存下来。

所以，我们有理由相信，海岛上含有化石的地层，只有在地层沉降期间，发生足够的沉积物堆积才能形成。当地层上升时，那些化石便会被海岸的侵蚀作用破坏。

所以，如果要在地层中找到足够的过渡生物，必须同时满足两个条件：

第一，当马来群岛的全部或一部分地层沉降时，所形成的沉积物堆积必须超过同一物种的延续时间；

第二，群岛的生物不会因为气候变化等原因外迁。

马来群岛还生活着数量、种类众多的海洋生物，其中很多物种的分布范围已经超过了几千英里（1 英里≈ 1.6 千米），这些分布范围广泛的物种最容易出现显著变异，进而淘汰掉亲本物种。当它们返回原本的生存地时，它们从外观上已经完全无法和亲本物种联系在一起了。这时，它们就会被很多古生物学家们当作新物种。

马来群岛就是整个地球地层变化的一个缩影，这里正在发生的事情，在漫长的时间中曾在地球的各个角落上演。生物从细微变异到产生新物种，需要极为漫长的时间，所以，我们根本无法找到无数差异极小、能够连接成一条完整生命链的过渡物种，我们能做的就是寻找少数显著的中间环节，而这些中间环节很多时候也会被古生物学家们认定为不同物种。

另一个难题

就像我们多次说过的，无法找到完整生物进化链条对达尔文的理论构成了严重挑战，不过，这还远远没有结束，在当时，他还面临着另一个难题的考验：古生物学家们发现，在某些地层中，近缘的物种群体会突然一齐冒出来。

非常好，这正是我要说的，接下来，我要讲几个有趣的生物故事，来展示动物们是怎样“突然”出现的。

在达尔文时代，很多地质学家都认为，哺乳动物这个大纲，是在第三纪初期突然出现的。然而，几年之后，他们便在研究中发现，哺乳动物化石最多的地层竟然是中生代中期。

当时有个叫居维叶的地质学家认为，在任何第三纪地层中，都没有出现过猴子。然而，没过多久，在印度、南美以及欧洲始新世地层中就发现了猴子化石。

始新世约距今
5300 万 ~ 3650 万
年，是第三纪的第
二个世。

在美国的新红砂岩地层中，达尔文时代的地质学家们发现了 30 多种鸟类足迹，然而，这些鸟类的骨骼化石却没有被保存下来。因此，有些学者认为，这些痕迹根本不可能是鸟类留下的，整个鸟纲是在第三纪突然出现的，就像被创造出来的一样。

新红砂岩指二叠纪至三叠纪时期形成的红色地层，距今 2.99 亿 ~2 亿年。达尔文时代的地质学家们普遍认为，这一时期地球上的主要生物是爬行生物。

在很长一段时间里，达尔文都被一件事情所困扰：根据长期研究和观察，他认为，无柄蔓足类生活在第二纪，在第三纪发展壮大。然而，在第二纪地层中，却连一个无柄蔓足类的化石都没有发现。就在他即将发表自己的著作时，一位叫波斯凯的古生物学家寄来一张完整的无柄蔓足类标本插图，这个珍贵的化石正是从比利时的第二纪地层中采到的。

事实证明，
无柄蔓足类
确实曾经生
活在第二纪。

藤壶是无柄蔓足类的典型代表，海洋中最“臭名昭著”的动物之一，也是地球上最为古老的节肢动物之一，至今已在地球上生存了 4 亿多年。

藤壶会分泌黏性极强的藤壶胶，附着在海龟、鲸鱼等海洋动物身上疯狂繁殖，经常把这些动物折磨得痛不欲生。很多时候，它们还会附着在船舶、石油平台、科研仪器、军事设施等各类设备和设施上，给人类造成很大的麻烦。

达尔文对藤壶非常着迷，一研究就是8年。达尔文的孩子一直以为，自己爸爸的工作就是研究藤壶。

一开始，达尔文以为这项工作只会持续几个月，没想到一做就是 8 年。在长期枯燥的研究中，达尔文一度怀疑这项研究是否值得自己花这么长时间，他甚至在笔记里写道：“我太讨厌藤壶了，估计没有人会比我更讨厌它。”

随着研究的深入，达尔文最终在藤壶身上发现了很多大自然的“秘密”，揭示了很多规律，为《物种起源》奠定了基础。

很多时候，科学研究就是这样枯燥和无聊，研究者甚至会在不断反复的实验和观察中对自己产生怀疑情绪。只有那些耐得住性子，沉得住气的人，才能够发现科学世界的“宝藏”。

当时，有关整群生物突然出现的例子，古生物学家们最常用真骨鱼类来说明问题。

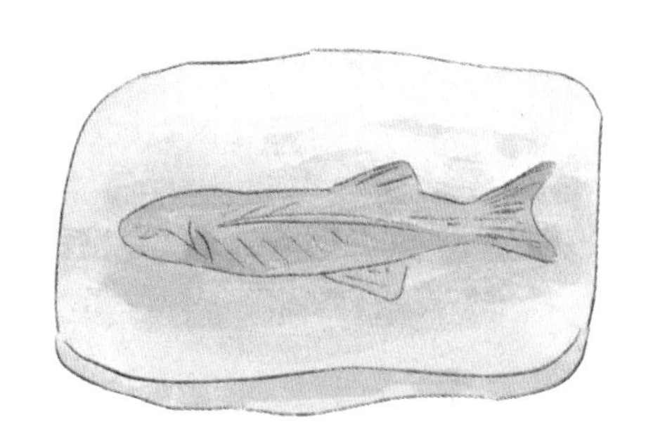

真骨鱼类出现于侏罗纪，至今已经在地球上生存了约1.4亿年。直至今天，真骨鱼类仍然是最繁盛的鱼类，在我们中国1000多种淡水鱼类中，绝大多数都是这个大家族的成员。

达尔文时代，很多古生物学家认为真骨鱼类是白垩纪初期突然出现的，直到匹克泰特教授把真骨鱼类的出现时间往前推了一个亚阶。

亚阶是最小的年代地层单位，是阶的再分，根据堆积速率和保存情况的不同，厚度从几米到几千米不等。

我举这么多例子是想说明，这些看似是突然出现在地层中的物种，其实也是缓慢演化而来的。很多古生物学家们之所以认为它们是突然出现的，只是受到技术条件和现有知识的限制，没有发现更早的化石而已，事实也的确如此。

解决了物种化石突然出现在某一地层中的难题，另一个难题却出现了：同一类种群的很多物种，突然出现在已知最底部的化石层位。也就是说，如果达尔文的理论是正确的，那么，所有的现生种（指现在仍然生存在地球上的物种）必然经历了一个缓慢演变的过程，处于地层最底部的生物化石，必然是最古老的物种。

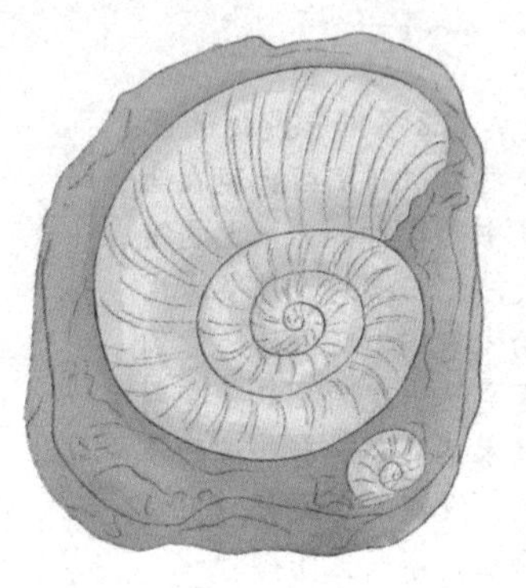

鹦鹉螺分布在热带印度洋—西太平洋珊瑚礁水域，在地球上有 5 亿年的生存历史，被称为“活化石”，至今仍然数量繁多。而且，现代的鹦鹉螺在外形上与祖先没有多大差别。

按照我的理论，早在鹦鹉螺出现之前，地球上必然已经存在很多物种，可是，我们却没有发现这些物种的化石。

为什么会出现这种现象,达尔文也无法解释。

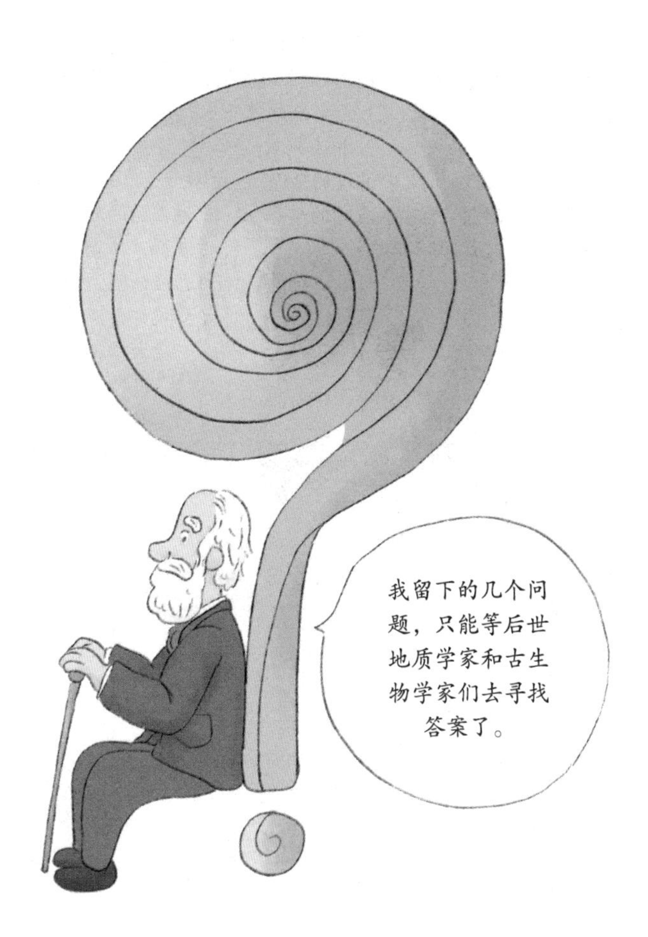

我留下的几个问题，只能等后世地质学家和古生物学家们去寻找答案了。

达尔文时代，很多著名地质学家们相信，与鹦鹉螺同时期的生物便是地球生命的曙光。但是，随着科技的发展，现代地质学和古生物学已经证明，地球上的生命起源可以追溯到 38 亿～35 亿年前，关于这一点，可以参考我们在上文中说过的地质年代表。当然，这对于当时的学者来说，这是难以想象的。
达尔文虽然没有为自己的理论找到充足的证据，但是，现代学者们已经证明，他的推论绝大多数都是正确的，这真是太了不起了！
这就是科学的魅力。

好了，在本章的最后，让我们再来做一次简单的回顾。这一章，我们跟着达尔文的脚步解决了几个难题。

我们之所以无法在地层中发现足够多的古生物化石，形成完整的生物演化链条，是因为生物化石很难形成，即使形成之后也很难保存下来。生物体变成化石通常需要在较短的时间内被埋葬，防止被风化、分解或被其他生物分解。这样的条件并不经常发生，因此只有极少数的生物能够形成化石。例如，通常只有在湖泊、河流底部、海底等缺氧环境中，生物才有可能迅速埋葬并形成化石。

另一方面，在各套地层中，之所以会有整群的物种突然出现，是由于地质运动的影响。地球的地壳一直在不断运动，包括板块漂移、地震等。这种地质运动可能导致埋藏的化石再次浮出地表，或者深埋在地下，使得它们难以被科学家找到。

整群物种之所以会突然出现在地层的最底部，这可能由多种因素引起，包括环境变化、沉积物的堆积速度、气候变化、地壳运动等。

这些问题都对达尔文的理论构成了严峻挑战，当时，很多著名地质学家和古生物学家们都用这些问题与达尔文发生激烈冲突，他们仍然坚信，地球上的物种是亘古不变的，这其中不乏居维叶、福尔克纳等知名学者。

然而，在铺天盖地的反对声中，一位名叫查尔斯·莱尔的权威地质学家也为达尔文提供了非常重要的帮助。关于这一点，还有一个非常有趣的故事。

查尔斯·莱尔是19世纪英国最为著名的地质学家，被称为“地质学鼻祖”，他的《地质学原理》为达尔文的进化论提供了非常重要的启发。

阿尔弗莱德·拉塞尔·华莱士是19世纪—20世纪初英国著名博物学家、探险家、地理学家、人类学家与生物学家。在达尔文研究进化论的同时，华莱士也发现了“自然选择”的奥秘。1858年，他把自己的理论写成《论变种与原型不断歧化的趋势》一文寄给达尔文审阅，达尔文这才发现，世界上有另一个人和自己得出了几乎完全相同的结论。

在收到华莱士的论文时，达尔文陷入了两难的境地。如果华莱士的论文先发表，自己花费 20 多年心血得出的学术思想可能就会被淹没；如果将两人的论文同时发表，他又担心华莱士产生误解。

1858 年 7 月 1 日，在莱尔的安排下，达尔文与华莱士两人关于生物演化理论的论文在林奈学会上被同时宣读，他们联手向神创论发起公开挑战，这也是近代科学史上最为重要的事件之一。

华莱士知道，达尔文对进化论的研究比自己更早，也更加深刻，于是，他主动将这一理论的“优先权”让给达尔文，与达尔文成为终生密友，并最终获得了“生物地理学之父”的称号。这对 14 岁辍学，没有接受过专业教育的华莱士来说是极为难得的成就。回到英国之后，华莱士的生活并不富裕，达尔文经常施以援手，并帮助他争取到了英国政府的年金。

这样的友谊太令人向往了。
是啊，科学并不仅仅是冷冰冰的理论知识，在众多科学理论的背后，还有很多令人暖心的故事等着我们去发现。

第三章

从海豆芽到袋狼

“不老男神”海豆芽

到现在，我们已经共同解决了很多问题，虽然有些问题还没有找到答案，但是，只要我们相信科学，相信未来，这些问题总有得到解决的一天。接下来，请大家跟我共同探索另一个问题的答案：地球上的生物到底是怎样发生演变的？

我们已经说过很多次，无论是在陆地还是海洋中，新物种的出现都是一个极其缓慢的过程。而且，不同纲和不同属的物种，它们的演化速率也是不同的。

海豆芽学名舌形贝，是地球上著名的“生物活化石”，有 4.5 亿年的生存历史。从考古学家发现的 4 亿年前的海豆芽化石来看，它们的形态几乎没有发生什么变化。而与海豆芽同时期的物种却都已经发生了极大的变化，这足以证明，不同物种的演化速率并不相同。

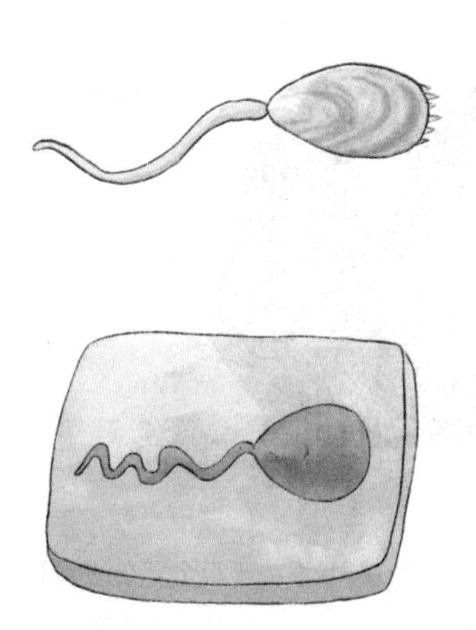

经过研究，达尔文发现了物种演化的三个规律。

● 陆生生物的演化速率要比海洋生物快。

● 在自然阶梯上处于高等级的生物，比低级生物的演化速率更快。

● 当一个物种灭绝之后，地球上不会再出现一模一样的物种。

这些都可以证明我的理论是正确的，每一个物种都有独特的变异性，这种变异性会被自然选择利用，或多或少地积累起来，最终引起质变，这就是物种演化速率不同的原因。

达尔文认为，物种的变异量取决于很多复杂的因素，包括杂交的力度、环境因素、繁殖的速率、与物种发生生存竞争的其他物种的变异程度等。因此，某个物种会长期保持某种形态，即使发生变化也比较小，我们上面说的海豆芽就是很好的例子。

马德拉群岛位于北大西洋中东部，隶属于葡萄牙，离海岸线有640千米，被誉为“大西洋明珠”。生活在马德拉群岛上的陆生贝类和鞘翅类昆虫，与欧洲大陆的“亲戚”们形态差异很大，而海生的鸟类和贝类却与“亲戚”们很像。

所以说陆生生物和更高等的生物的变异速率更快，这是因为当一个区域的大多数物种已经发生变异和改进时，根据我们说过的自然选择原理，那些没有发生变异的物种会在生存斗争中灭绝，而更高级的物种面临着更为严峻的生存斗争。

接下来，我们要看第三个规律：某个物种灭绝之后，即使出现一模一样的生活条件，它们也不会再次出现了。

扇尾鸽也叫孔雀鸽、芭蕾鸽，它们的尾羽数是同类的几倍，张开时就像一把扇子，像孔雀开屏一样。

我们假
设所有的扇
尾鸽已经灭绝
了，在人工选择的
情况下，养鸽子的人
通过不懈努力，还是
能够培养出一模一样的
品种，可是，在自然选
择的情况下，这种现象
决不会出现。

还记得吗？我们在讲生物灭绝时说过，亲本类型会被改进了的后代所消灭。扇尾鸽的祖先是岩鸽，也就是说，在自然选择的条件下，岩鸽已经被消灭了。尽管扇尾鸽从岩鸽那里遗传了一些性状，但是，扇尾鸽是无法在自然选择下演化成岩鸽的，也就是说，这种演化过程是不可逆的。

岩鸽 → 扇尾鸽　　　**扇尾鸽 ↛ 岩鸽**

可是，我们在前面说过返祖现象，这不是矛盾吗？
返祖现象只会影响物种的某种器官或构造，而不会影响大部或全部。比如，有些婴儿出生后会长有长毛，但决不会变成人类祖先的样子。

我们上面说的都是单一物种的情况，如果是物种群体会怎么样呢？达尔文认为，成群物种的演化规律和单一物种是一样的。一群物种一旦灭绝就不会再次出现。

想象一下你出门突然见到恐龙的样子就很容易理解了。

由于同一群物种都是从一个祖先那里传衍下来的，所以，现在还生活在地球上的物种，必然都经历了一系列连续不断的世代传承。

在上一章我们说过，一群物种会突然出现在一套地层中，达尔文也给出了解释。现在，我们就从另一个角度来找一找这个问题的答案。

在自然选择条件下，一个物种种群的数目会先增加，到达顶点之后再减少，如此循环往复。如果把这种规律画成一条线，用线的粗细来表示物种种群的数目，应该是这样的。

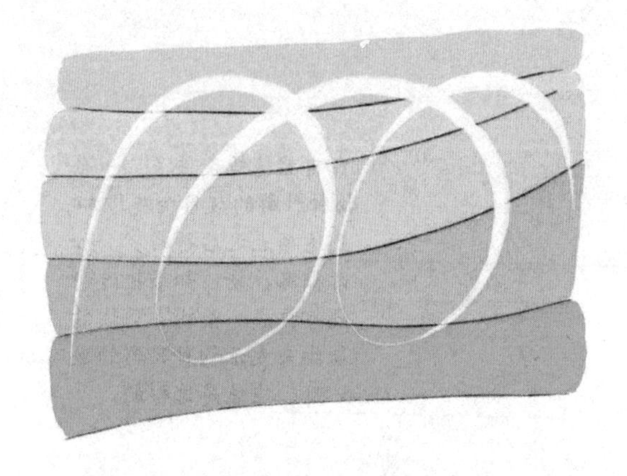

我们可以很直观地看到，随着线条的变化，每个地层中的物种种群数量都是不同的。如果该物种灭绝，那么，这条线就会突然消失。

在实际情况中，这条线更像是一个树杈。一个物种会产生多个变种，然后再缓慢地演化为新的物种。所以，当我们在某一个地层中发现新物种时，我们就会产生它们突然出现的错觉。

消失的恐龙

在讲自然选择的故事时，我们简单了解过物种灭绝的情况，接下来，让我们跟随达尔文的脚步，看看物种灭绝都有哪些规律。

成群的物种是逐渐消失的，从一个区域到另一个区域，从一个变种到另一个变种，这是一个十分缓慢的过程，决不是突然消失的。

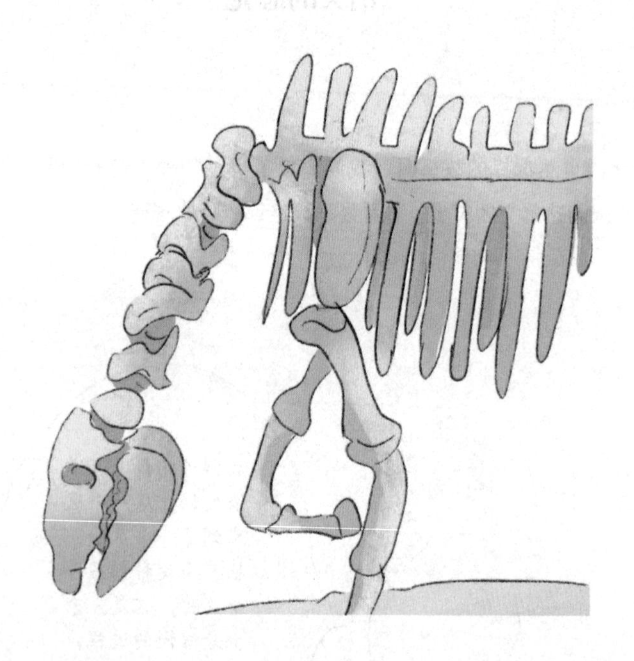

恐龙在地球上生活了 1.5 亿年，到距今约 6500 万年前时全部灭绝。与恐龙生存的时间相比，我们人类区区百万年的历史显得有些“小巫见大巫”。

中国古动物馆位于北京，是亚洲最大的古动物博物馆，其中就有很多恐龙化石。截至 2017 年，我国共发现了 230 属 267 种恐龙，在世界上居于首位。由此可见，恐龙的种类和数量是多么庞大。

在恐龙生活的上亿年时间中，这个种群的地位经历了几个阶段的变化，也经历了几次大型灭绝事故，很多恐龙没有等到白垩纪就已经灭绝了。直到小行星从天空坠落时，白垩纪才在一片混乱中画上句号。

注意，恐龙灭绝的原因至今古生物学家们都还没有定论，行星撞地球只是目前流传比较广的理论之一。

赖氏龙也叫兰伯龙，生活在白垩纪的美洲地区，头上长着斧头一样的头饰。大约 7500 万年前，赖氏龙的大多数属种就已经灭绝了。

所以，恐龙灭绝并不是突然发生的，而是一个十分漫长的过程。不仅各个属种的灭绝时间不同，就连每个地区的灭绝时间也不尽相同。

恐龙灭绝的过程和其他消失的物种一样，都经历了极其漫长的时间。

对于物种灭绝的问题，当时有很多十分神秘的观点，大部分人认为，物种的延续和人类的寿命一样，都是有时限的，每个物种能够延续的时间也是早就计划好的。

因此，对于生物灭绝事件，当时的大部分人都没有表现出太大的惊讶，只有达尔文等少数人对这种现象产生了浓厚的兴趣，并孜孜不倦地进行研究。

乳齿象生活在距今大约 35000 万年前，现在已经灭绝了。从外形上看，它们长得和猛犸象很像。大约 16000 万年前，乳齿象跨越白令海峡到达美洲开始繁衍生息。

拉车的“神兽”羊驼

在阿根廷的拉普拉塔，达尔文惊讶地发现马的牙齿居然和乳齿象化石埋藏在一起。他之所以这样惊讶，是因为在很长一段时间中，欧洲人普遍认为，美洲地区是没有马的，美洲土著的语言里也没有“马”的词汇。

1492 年，哥伦布在西班牙王室的支持下，从欧洲出发，漂洋过海来到美洲的圣萨尔瓦多岛，这是首次发现美洲大陆的存在。哥布伦到达美洲后发现，当地没有一匹马。

当时，美洲地区不仅没有马，也没有任何驯化的大型家畜，只有南美地区能够依靠半驯化的羊驼拉车。不过，羊驼由于力量有限，只能载不多的重量。所以，当地的土著人出行基本都是靠腿，即使高贵的皇帝也只能坐人力抬的轿子。

后来，欧洲人将马源源不断地运到美洲大陆，不少马到达美洲后由于种种原因流窜到了野外，久而久之，美洲大陆就出现了很多野马，并且野马以令人惊讶的速度繁殖后代。后来，原住民印第安人驯化了这种动物，并掌握了骑马战斗的技术。

在长达数百年的时间中，欧洲人都一直认为美洲从没有出现过马，直到发现马的化石，人们才恍然大悟，原来，美洲的马早就灭绝了。

从哥伦布发现美洲开始，无数欧洲航海家踏上了寻找新大陆的旅途，世界各大洲的隔阂逐渐被打破，开始连成一片，这段时期被称为大航海时代。欧洲人虽然给美洲带来了马和其他新事物，但是，他们到达美洲之后，对当地的土著居民进行了惨无人道的屠杀和长达数百年的奴役，这事实上也是侵略活动。
可以这样理解吗？对于欧洲人来说，他们认为自己“发现”了新大陆；但是，对于“被发现”的人来说，这实际上是一场浩劫。
没错，所以，看问题时角度很重要。

在美洲大陆发现马的化石之后，人们终于发现，原来，当地也有土生土长的马，可是，这些马是怎么灭绝的呢？根据来自欧洲的马能够迅速在美洲大陆繁衍生息的这个事实，达尔文认为，美洲的环境非常适合马生存，而且，从美洲土著马的牙齿化石来看，它们和现存马十分相似，到底是什么原因导致土著马灭绝的呢？达尔文也找不出答案，只能判断是被某种竞争者代替了。

大地懒是一种生活在距今 10 万 ~1 万年前的大型哺乳动物，体型和亚洲象差不多，分布在中美洲和南美洲。事实上，美洲不仅马灭绝了，80%~90% 的大型哺乳动物也都灭绝了。大灭绝发生在人类定居美洲大陆不久之后，至于这些动物灭绝的原因，有些学者认为是环境的变化，也有学者认为是人类无限制的打猎，达尔文的疑问至今仍然没有得到准确的解答。

1845 年，达尔文曾经发表过一篇文章，他在文章中提到：物种一般都是先变得稀少，然后经历灭绝，就像患上绝症的人类，身体有一个逐渐衰弱的过程。

自然选择总是要经历这样一个过程：每一个新变种的产生和保持，都是由于它在生存竞争中比竞争者更有优势，因此，劣势物种的灭绝是必然结果，即使在家养生物中，类似的事情也在不断上演。人类在培育出更为优质的变种时，就会放弃原有的品种。

无论是大自然还是人类社会，物种总是在经历这种过程，当新物种产生时，旧物种就会被取代，整个地球就像一台不知疲倦的机器，不断吐故纳新。

三角蛤属是一类生活在浅海的贝壳，外形呈三角形，它们的生存历史横跨 4 亿多年，见证了地球生态系统演化的漫长历程。这个古老的贝类家族原本是一个极为庞大和多样化的群体，能够适应各类浅海环境，分布在海洋中的各个角落。然而，随着时间的推移，这个庞大的家族经历了多次演化浪潮和环境压力，如今只剩下一个属，成为生命演化历史孤独的见证者。

达尔文认为，三角蛤属的情况很能说明问题。我们前面说过，物种在衍化过程中，变种会优先取代亲本，如果很多新变种都是由一个物种发展起来的，那么，亲缘关系越近的物种越容易灭绝。所以，我们经常能够看到新属“干掉”同一科物种的旧属。不禁让人感慨：“本是同根生，相煎何太急。”

不过，这些“受害者”们并不会全部灭绝，少数躲在遥远地区，避开生存竞争的物种会幸运地存活下来，三角蛤属就是很好的例子。

所以，就像我们上面说的一样，一个类群的物种要全部灭绝，过程总会比新类群产生慢上很多。

当然，在地球生命史上，也有整个科或整个目突然灭绝的情况，比如我们说过的三叶虫就是在三叠纪突然消失的。达尔文认为，这种情况和整个物种类群突然出现在地层中的情况一样，有可能是因为各套地层的形成之间有漫长的时间间隔，也有可能是因为其他物种类群突然入侵，迅速消灭了那些“土著”物种。

因此，在达尔文看来，对于生物灭绝这件事，我们根本不用感到惊讶，它在地球历史上经常发生。人类真正要做的，是寻找导致物种灭绝的准确原因，从复杂的现象出发找到内在规律。

平行的地球

接下来，我要公布一个十分惊人的结论：生物类型在全世界几乎是同时发生衍变的。也就是说，无论是在遥远的美洲大陆，还是在炎热的赤道，甚至是在寒冷的北极地区，即使气候和环境截然不同，在同一时期的岩层中发现的生物遗骸都是完全相同的。

也就是说，地球上好像有一条条平行线，而所有的物种都在平行线上，随着时间共同衍化。

在达尔文时代，地质学家们已经证实了海生生物是平行衍化的，但是，由于缺乏足够的化石，对于陆生生物和淡水生物是否也像海洋生物一样，当时还没法得出结论。

根据现代考古学和古生物学的发现，地球上的生物确实是平行衍化的，这与地球的环境变化有关，换一个更准确的说法就是：生物与地球环境是协同进化的关系。
1 2 3 4

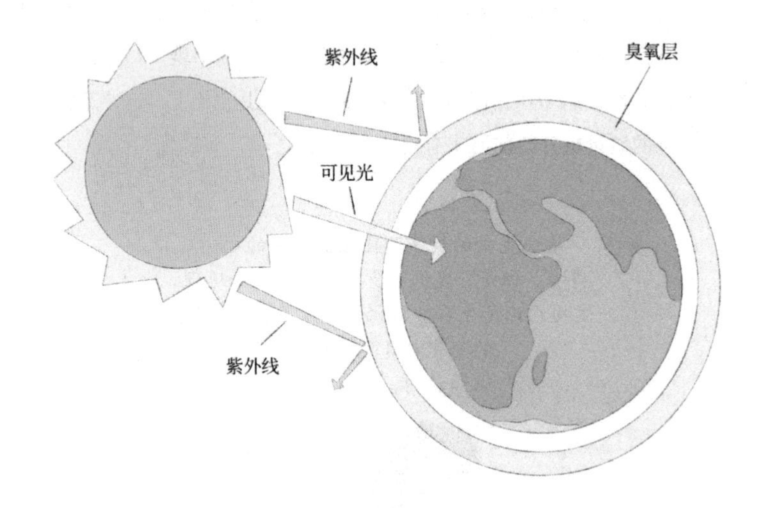

臭氧层高悬在距离地面 25 千米上空的平流层，像铠甲一样保护着地球。它能够吸收来自太阳的紫外辐射，保护地球上的生物免受紫外辐射的伤害，同时对大气有增温作用，对地球上的生物有十分重要的保护作用。

我们说过，地球是个接近 46 亿岁的“老”人，在漫长的时间中，地球环境也经历了无数次变化，臭氧层也不是从地球诞生时起就存在的。大约 35 亿年前，地球上既没有氧气，也没有臭氧层，这些条件为原始生命的形成提供了条件。

到大约 30 亿年前，地球上开始形成以蓝绿藻为主的自养生物，它们可以利用阳光、空气中的二氧化碳，通过光合作用释放氧气。这种叫蓝绿藻的生物在水面上十分常见，它们虽然看起来不起眼，却是地球上最古老的生物之一。

在地球早期生物的不断努力下，大气圈中能够保证生物呼吸的氧气和二氧化碳含量逐渐稳定下来，臭氧层也在大约 6 亿年前出现。一开始，臭氧层的浓度只有现在的 1/10，但是，即使如此，地球上的环境也比原来安全了很多，物种的数量也开始前所未有地丰富起来。

杠
谁说的，我就
不用冰箱！
-10
-20
-30

补充一点，
当我们说地球上的生
物平行演化时，一定要注意，
这里说的世间绝不是同一个千
年，也不是同一个万年，十万
年，对于地球漫长的历
史来说，这样的划
分毫无意义。

当时，很多学者都发现了物种平行演化的现象，一位古生物学家甚至得出结论：这种现象一定是被某种一般法则支配的。这种法则就是我们上面说的环境因素。不过，由于各种条件限制，达尔文时代的人们自然无法得出准确的结论；因此，达尔文只能根据自然选择理论来解释这种现象。

根据自然选择理论，变异种相对于亲本种来说，在生存上具有某种优势，而那些在某个区域已经具有生存优势，分布范围较广的物种往往会产生更多的变异类型，这样一来，就会出现“强者中的强者”，而优中选优的物种将会进一步入侵到其他区域，扩大自己的生存范围和物种数量。

数量越多→出现变异的机会越大→在生存上占优势→连接数量越多，形成一个椭圆形

由于陆地被海洋阻隔，形成了相对独立的区域，物种的扩散要缓慢许多。因此，陆生生物在地球上的平行演化不会像海洋生物那样严格。

这样的物种斗争一直持续下去，最终，具有生存优势的物种就会代替那些劣势物种，成为千锤百炼的“常胜将军”，最后遍布全世界。

在动物界，节肢动物是整个地球上种类最多、数量最大、分布最广的一个类群。地球上已知的昆虫在 100 万种以上，约占整个动物界的 2/3。

蝙蝠是世界上分布最广、进化最成功的哺乳动物类群之一，是真正会飞的兽类。你可在除南极、北极和某些大洋岛屿外的任何地方看到它们的身影。

被子植物是植物界中进化最成功、种类最多、分布最广、适应性最强的类群，全世界有20多万种，我们平时吃的南瓜、地瓜等各类瓜果，蔬菜，豆类等都属于这个大家族。

你绝对想不到，鸡是世界数量上最多的鸟类，2018 年时，全球鸡的数量已经接近 240 亿只，肩并肩可以绕地球 200 圈。

根据推理，达尔文认为，优势物种不断打败劣势物种，让自己的子孙后代们遍布全球，这也是地球生物平行演化的重要原因。

当时有位叫普雷斯特维奇的地质学家在比较英国和法国的两套始新世沉积物时，发现两地同一属物种的数量虽然保持一致，然而物种本身却出现了很大的差异。

从地图上可以看出，英国和法国之间只隔着一湾英吉利海峡，最窄处只有 34 千米，然而，两地的物种却是如此的不同，类似的问题同时代的地质学家们时有发现。达尔文认为，这种差异非常难以解释。

“狼狗”大战

按照一般规律，某个物种生存的时间越长，现生种和祖先的差异也就越大。

越古老的物种越低等，在时间上越靠近现在的物种就越高等，因为每一个物种在漫长的时间中都经历了无数复杂和残酷的生存斗争，只有那些具有优势的物种才能够生存下来。关于这一点，达尔文举了个很有趣的例子。

在外部环境类似的情况下，如果我们把某个区域的现存物种和当地的始新世生物放在一起竞争的话，那么，现存物种绝对会获得胜利。

始新世距今 5300 万 ~ 3650 万，这一时期，无脊椎动物和植物的进化已经基本上完成，大量现代哺乳动物开始出现，但一般体型要小得多。

袋鼠是动物界的“明星”之一，主要分布在澳大利亚和巴布亚新几内亚的部分地区，有些种类的袋鼠只有在澳大利亚才能找到。

其实，除了袋鼠，考拉、袋獾、袋熊也有一个用来育儿的“袋袋”，它们被统称为有袋类，在澳大利亚的动物中占有统治地位。

对于现在的地球来说，有袋类绝对算得上“异类”。对于大多数哺乳动物来说，胎儿一般都生活在雌性的肚子里，依靠母体的胎盘来提供营养，直到发育完善后才会出生。不过，有袋类哺乳动物在漫长的繁衍过程中，没有进化出胎盘，只能把宝宝提前生出来。

早在达尔文时代，古生物学家们便已经发现，欧洲地区也曾经生活过很多袋鼠，不过，随着进化出胎盘的哺乳动物开始占据主导地位，当地的袋鼠都在残酷的生存竞争中灭绝了。幸运的是，在有胎盘类动物称霸陆地之前，大洋洲就已经和其他大陆分开了，这些有袋类动物才得以在“进化的避风港”生存繁衍。在生存竞争中，有胎盘类物种真的可以战胜有袋类物种吗？近代发生在澳大利亚的一次灭绝事件可以从侧面证明这一点。

塔斯马尼亚州是澳大利亚联邦唯一的岛州，孤悬在距离大陆 240 千米处的海上。塔斯马尼亚州徽上有两只奇特的动物，它们就是已经灭绝的袋狼。

袋狼是一种肉食动物，因为身上有老虎一样的斑纹，也被称为“塔斯马尼亚虎”。它们的体长可以达到 1.8 米，体重约 30 千克，战斗力十分强大。在捕猎时，袋狼会潜伏在树上，等猎物经过时突然发起袭击，一口将猎物的颅骨咬碎。

这种看上去十分“蠢萌”，似乎人畜无害的动物叫澳洲野狗，它们就是导致袋狼灭绝的“元凶”之一。大约 5000 年前，澳洲野狗跟随东南亚移民们的脚步到达澳大利亚，与食性相同的袋狼发生生存斗争，大约 2000 年前，凶猛的袋狼就消失殆尽，只有孤悬海外的塔斯马尼亚岛上才能找到它们的足迹。在这场战争中，属于有胎盘类的野狗战胜了有袋类的袋狼。

18 世纪开始，欧洲人陆续登陆塔斯马尼亚岛，由于袋狼经常攻击人类饲养的鸡、羊等家畜，被移民们深恶痛绝。在之后的数十年时间中，当地政府开始鼓励人们猎杀袋狼，袋狼也迎来了自己的末日。

随着袋狼数量的减少，人们终于意识到这种动物即将灭绝。1936 年 7 月 10 日，州政府颁布了保护袋狼的法令，可是，就在短短 59 天之后，有记录的最后一只袋狼本杰明，由于饲养员的粗心大意，受到长时间暴晒而死。就这样，袋狼最终在地球上消失了。虽然后来陆陆续续有超过 3000 人表示自己见到过袋狼，但都无法证实。

袋狼好可怜，要是能早点保护就好了。
是啊，这就是我们保护大熊猫的意义。不过，袋狼和澳洲野狗的故事能够从侧面证明，高等动物由于某个重要器官更具优势，往往能够在生存竞争中天然处于优势地位。

可以想象，如果澳大利亚大陆没有“离开”的话，这些有袋类生物将会面临怎样的绝境。

最后，让我们来一起回顾一下这一章我们都解决了哪些问题。

● 虽然发现了海豆芽这样的“不老男神”，但是，地球上的生物无时无刻不在发生着演变。

● 地球上的物种灭绝之后不会再次出现。

● 不同物种的演化速率是不同的。

● 一般来说，越古老的物种越低等。

第四章

这就是“超能力”

三件奇妙的事

在《物种起源》原书的绪论中，达尔文写道："我曾随贝格尔号（小猎犬号）皇家军舰环游世界，在南美洲，我发现了生物地理分布以及那里的现生生物与古生物间的关系，这深深地打动了我。"

正是这次环球旅行，在达尔文心中种下了一颗种子，这才有了后来的《物种起源》。接下来，就让我们一起登上 100 多年前的小猎犬号，跟随达尔文的脚步，看看他都发现了哪些有趣的现象。

打开世界地图我们就能看到，在达尔文的故乡——欧洲大陆和美洲大陆之间，隔着浩瀚的大洋，即使最短的距离也有2400多千米。

在达尔文时代，美洲被称为“新大陆”，欧亚大陆则被称为“旧大陆”。在美洲旅行时，达尔文发现了一个十分有趣的现象：无论是干旱的沙漠、巍峨的高山、广阔的草原还是潮湿的沼泽，旧大陆和新大陆几乎处于一条平行线上，可是，即使如此，两块大陆上相似的环境下却生活着截然不同的物种，这是达尔文发现的第一件“奇妙”的事。

拿出地球仪，我们能够看到横向分布着很多线，这些线就叫作纬线。纬线是与地轴垂直并且环绕地球一周的圆圈。赤道是最长的纬线圈，也就是0°纬线。从赤道向北度量的纬度叫北纬，向南的叫南纬。南、北纬各有90°，北极是北纬90°，南极是南纬90°。

一般来说，地球上的温度与纬度呈反比，也就是说，纬度越高温度越低，纬度越低温度越高，这是由于光照条件不同造成的。
我懂了，达尔文说的新大陆与旧大陆气候平行，实际上就是气候受了纬度的影响吧。
真聪明，实际上，温度还与大气环流、洋流、地形等各种因素有关，还是要具体地区具体分析。

接下来，让我看看达尔文的第二个奇妙发现。

● 海洋的阻隔会导致两个区域的物种种类出现巨大差异。比如，同纬度的大洋洲、非洲和南美洲生物种类就有很大差别。
● 即使在同一块大陆上，在相连的山脉、广阔的沙漠甚至是大河两边，我们都能发现不同种类的生物，而这些屏障并不像海洋那样难以逾越。
● 在海洋中也存在类似的情况，比如，中南美洲的东西海岸，由于被巴拿马地峡阻隔，两边的海洋生物出现了巨大差异。

达尔文发现的第三个奇妙事实是，同一大陆或同一海洋中的生物亲缘关系相近，虽然它们生活在不同的环境中。

当你在一块大陆上从南到北旅行时，你会看到亲缘关系密切但种类不同的鸟类，它们的叫声是如此的相似，就连鸟巢和卵的颜色也几乎一样。

美洲鸵鸟分布于南美洲，有 5 个亚种，体高约 1.6 米，重达 25 千克，是美洲最大的鸟类。达尔文发现，在美洲最南端的麦哲伦海峡旁边的平原上，栖居着美洲鸵鸟的一个亚种，而在遥远的美洲拉普拉塔平原北部，则栖居着美洲鸵鸟的另一个亚种。

如果你在动物园看到这种动物，千万不要把它们误认为鸵鸟，它们的名字叫鸸鹋（ér miáo），是鸟纲鸸鹋科唯一物种，也是澳大利亚的国鸟，世界上体型第二大的鸟类。虽然和美洲鸵鸟有些类似，但它们绝不是同一个物种，有趣的是，它们几乎生活在同一纬度下。

比如一种有着毛茸茸的大尾巴，一脸“蠢萌”的毛丝鼠，也是南美洲的特有物种，与兔子、中美毛臀刺鼠同属啮齿类啮齿目，在亲缘关系上十分相近。

比如水豚是生活在南美洲的一种啮齿动物，也是世界上最大的啮齿动物。水豚体长 1 ~ 1.3 米，肩高 0.5 米左右，体重 27 ~ 50 千克，和家族其他同类相比，它们的体型算得上十分庞大。

这样的例子简直数不胜数，我想说明的是，啮齿类动物在新大陆与旧大陆之间存在着巨大的物种差异，即使它们的亲缘关系十分相近，这就是我要说的第三个奇妙现象。

那么，达尔文是怎样解释这些现象的呢？他认为，不同地区亲缘关系相近的物种出现这样大的差异，也可以从自然选择中找出原因，由于各地区自然环境不同，物种所需要的生存本领也就不尽相同，在漫长的演化过程中，就形成了不同的特征。

大自然对于每一个物种都是公平的，在复杂的生存斗争中，无论什么物种，对于生存有利的变异性都会通过遗传保留下来，然而，在变异的机会和程度上，每个物种却是不同的。比如，当某个物种整体迁徙或被地形阻隔后，它们发生变异的机会就会变小，我们讲过的大洋洲大陆有袋类生物就是很典型的例子。

所以，让我们把这些因素综合起来看，同属的几个不同物种，现在虽然栖息在世界的不同大陆，但是，它们都是从同一个祖先那里传衍下来的，之后“家族”中的一部分物种迁徙到了其他大陆，产生了不同的分支，这就是“三个奇妙”现象问题的答案。

植物的“超能力”

请你解释一下，同一个物种是怎么跨过大山，越过大洋迁徙到另一个完全隔绝区域的呢？难道是坐轮船吗？
我觉得是坐飞艇，哈哈。
别着急，我会找到答案。

接下来，我们要解决另一个棘手的问题。达尔文时代很多博物学家认为，物种是在地球表面上的很多地点被分别创造出来的，而事实看上去好像也的确如此，至少表面上看起来是这样的。如果不能反驳这个观点，达尔文的理论就无法成立，而反驳这个观点必须解释一个问题。

对于陆地动物的迁徙，我们在前面的章节中讲过大陆桥，不过，这仍然无法解释所有问题。因此，达尔文从逻辑推理出发，提出了一连串十分有力的反驳。

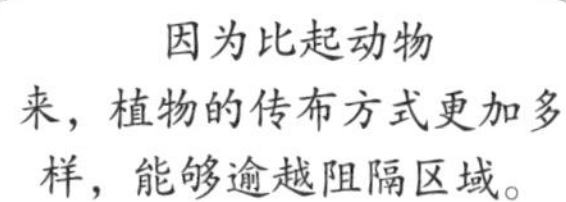
因为比起动物来，植物的传布方式更加多样，能够逾越阻隔区域。

美洲不是有土著马吗？
其实，美洲才是马真正的故乡，在美洲马灭绝时期，少量马通过白令海峡的大陆桥迁徙到欧亚大陆，这才得以生存繁衍，后来，亚洲北部的游牧民族驯化了马，几千年后马又被哥伦布带回美洲。
真是太曲折了！

就像达尔文所说，相对哺乳动物来说，植物有着很多“超能力”，能把种子播撒到极其遥远的地方，扎根生长。

哺乳动物更容易被地形阻隔

哺乳动物无法穿越大洋到达极远的地方。

很多植物的种子都能借助洋流这一天然的“远洋巨轮”到达世界各地。

为了验证这一点，达尔文做了个有趣的实验，他把 87 种植物种子泡在水里，发现其中有 64 种浸泡过 28 日后还能发芽，少数浸泡过 137 天后仍能生存。

地球上的海洋并不是静止不动的，而是随时处于运动之中。洋流也叫洋面流，是指海水以相对稳定速度沿着一定方向有规律地水平流动，植物的种子可以借助这种力量到达世界各地。

一本关于洋流的书中提到，有一些大西洋的洋流的平均速率为每天 33 英里（约 52.8 千米），从这些事实我们可以推论，一颗种子能够在洋流的帮助下漂过 924 英里（约 1478.4 千米）的海面。

有些种子会搭乘木材被冲到海岛上。

有时候，死亡的鸟类尸体也能够作为植物种子的“航船”。达尔文曾在海水中发现一只漂浮了30天的鸽子尸体，并在嗉囊里找到几粒种子，这些种子后来都发芽了。

嗉囊是鸟类或昆虫消化器官的一部分,在食道的下方,看上去像个袋子一样，用来储存食物。

这里风景好美呀!

有些植物的种子会被鸟类吃到肚子里，搭乘天然的“飞机”漂洋过海，在遥远的地方生根发芽。

鸟类的飞行速度可以达到每小时 35 英里（约 56 千米），而且，很多种子外部都包裹着坚硬的外壳，即使在鸟胃中也能毫发无损。另外，鸟的嗉囊并不分泌胃液，这对种子来说也是一个绝好的消息。达尔文曾经在鸟粪中拣出了 12 个种类的种子，很多都能发芽。

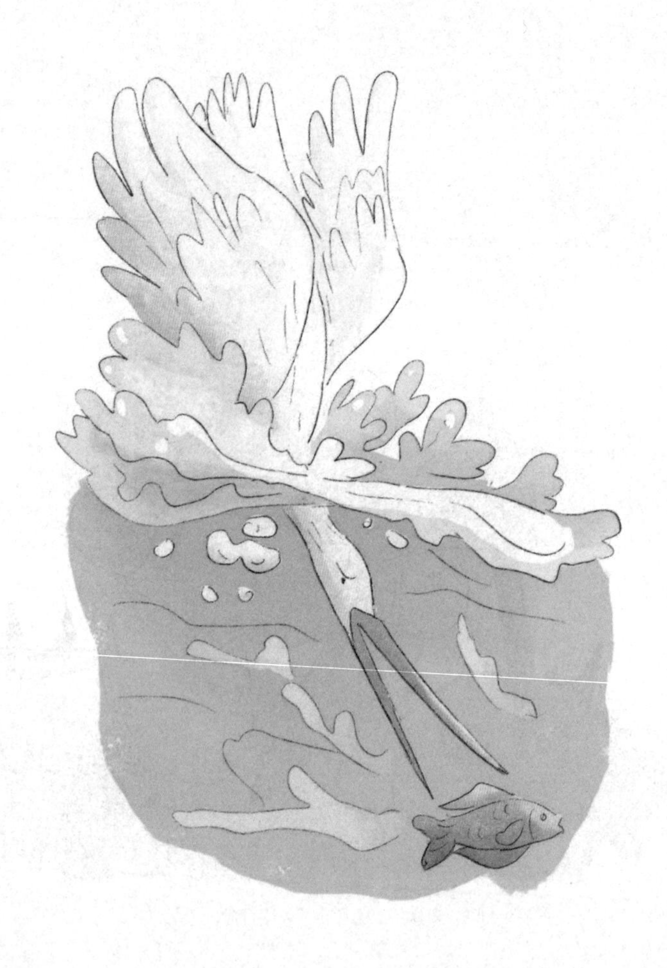

有些鱼类会吞食陆生植物和水生植物的种子，而鱼又常常被鸟吃掉。达尔文曾把很多种子塞进死鱼胃里，再用鱼喂鸟类，隔了很久，这些种子便被吐了出来，还有一部分随着粪便被排出体外，其中部分种子还能发芽。

有时候，种子还会被鸟爪上的泥土包裹，被带到很远的地方。

以上我们所讲的植物的“超能力”还只是冰山一角。在过去长达上万乃至上百万年的时间中，这些方式一直在发挥着作用，这足以解释植物为什么比哺乳动物分布更广。

巴西的贝壳

接下来，让我们再来看看淡水生物的情况。在人们普遍的印象中，淡水生物被湖泊、不同河流等天然地形阻隔，再加上大海这样难以逾越的屏障，分布范围受到了极大的限制。然而，事实却正好相反。

达尔文在巴西时发现，淡水中的昆虫、贝类等生物和英国几乎一模一样，但周围的陆生生物却与英国有着巨大的差别。也就是说，淡水生物在全球有着极大的分布范围。

那么，这些神通广大的淡水生物是怎么样完成“环球旅行”的呢？我们先来看看鱼类的情况。达尔文经过长期观察和研究，发现了几种十分有趣的方式。

在印度，鱼类经常被旋风卷到空中，再落到其他水系中。

洪水也是淡水生物“搬家”的天然“航母”。

中国有句老话叫“三十年河东，三十年河西”，说的就是黄河改道。黄河由于河床比较高，泥沙淤积严重，所以河道不固定，经常发生改道。在世界范围内，河流改道的情况并不少见，除了泥沙淤积之外，地质运动和人类活动也是常见原因。在河流发生改道或与其他河流发生交汇时，淡水生物也会进一步扩散。

在北冰洋及南冰洋水深达350米的地方，都能找到一种叫裸海蝶的生物。它们通体透明，远看就像精灵一样，所以也被称为“海天使”“冰之精灵”。别看它们平时一副“人畜无害”的样子，捕猎时却相当凶残。当裸海蝶发现猎物时，头部像触角一样的器官会突然爆开，从体内瞬间伸出6条触角，将猎物扯入体内。裸海蝶是海洋鱼类，但是，很多淡水生物也像它们一样，分布在世界极远的地方，至于是什么原因造成的，达尔文也百思莫解。不过，他提出了自己的推理。

有些十分古老的淡水生物有充足的时间通过各种方式完成迁徙，有些海水鱼类也能慢慢适应淡水生活，它们可以通过海洋完成路途遥远的迁徙。

接下来，我们再来看看贝类的情况，它们也同样遍及世界各地。在很长一段时间里，达尔文都对贝类的扩散感到大惑不解，因为它们既无法搭乘鸟类的“便车”，也无法像鱼类一样长途跋涉，直到后来，他观察到的两个现象才解答了自己心中的疑惑。

一次，当鸭子从池塘飞出时，达尔文在它脚上的水藻中发现了很多正在孵化和已经孵化的贝类。贝类刚出生时虽然是软体动物，但是，它们能够在鸭脚掌上和潮湿的空气中存活十几甚至二十个小时以上，在这段时间中，鸭子可以完成一次上千千米的飞行。

龙虱是一种龙虱科水生昆虫，在全球有 4000 多种，分布极为广泛。有一次，达尔文的朋友告诉他，龙虱身上也有小小的贝类。

达尔文在乘坐“小猎犬号”环球旅行时，经常看到船上有龙虱出现，贝类搭着这样的“顺风车”，能够达到世界各地也不是什么难事。

我所说的
只是自己观察到的情
况，贝类们一定还有其他
迁徙的本领。

海岛上的“战争”

海岛生态是达尔文最喜欢研究的课题，也是带给他最多灵感的地方。在探访了众多岛屿之后，达尔文发现，在有人类活动的岛屿上，植物的种类往往有几百种之多，然而，在那些人迹罕至的荒岛上，植物种类甚至只有个位数。而且，当外来植物入侵时，土著植物几乎没有任何还手之力，很快就会面临灭绝。

岛上的环境与世隔绝，相比陆地，参与生存竞争的物种数量更少，因此发生变异的机会也就更少。

马德拉群岛位于北大西洋中东部，被称为“大西洋明珠”。在这片岛屿上，由于每年都有很多海鸟被风吹来，因此连一种土著鸟都找不到。

在很多岛屿中，有时候会缺少一整个纲的动物，这时，它们的位置会被其他纲生物占据。

在加拉帕戈斯群岛，达尔文找不到任何一只哺乳动物，不过，这里的爬行动物种类却非常多。显然，哺乳动物的位置被爬行动物替代了。

不过，在没有哺乳动物的海岛上，达尔文却发现了带有倒钩的植物，这些倒钩原本是挂在哺乳动物身上进行传播的。也就是说，海岛物种的类型与生存环境并不是绝对相关的。达尔文认为，这些植物或许是借助其他方式来到海岛上定居的。之后，它们的无用器官开始逐渐退化，就像某些拥有翅膀却无法飞行的昆虫一样。

大洋岛指的是那些与大陆没有联系，从深海中升起的岛屿。达尔文发现，大洋岛上从没有出现过青蛙、蟾蜍和蝾螈。

蝾螈是一种两栖类动物，有点像长了四条腿的鱼。

事实证明，大洋岛上的环境非常适合蛙类、蟾蜍和蝾螈生活，在某些海岛上，它们的繁殖速度十分惊人。

达尔文认为，这些动物的卵一遇到海水就会死亡，这正是它们无法扩散到大洋岛上的原因。

达尔文翻阅了大量航海记录，发现没有一种陆生哺乳动物（家养的除外）栖居在距离大陆或大型陆岛 300 英里（约 480 千米）以外的岛屿上。

尽管陆生哺乳动物没有出现在大洋岛上，然而，飞行类的哺乳动物却出现在了几乎每个岛上。

蝙蝠是典型的飞行类哺乳动物，目前全球共发现了 16 科 185 属 962 种，在众多大洋岛上都能看到它们的身影。

蝙蝠可以飞行，那么，大洋岛上出现的，与极其遥远的陆地相同的植物又该怎么解释呢？达尔文认为，这是因为海洋中散布着无数大小不一的岛屿，这些岛屿就像“中转站”一样，在植物传播过程中发挥了重要作用。

有个事实可以证明这一点，岛屿上的土著生物与最邻近大陆的生物有着亲缘关系。

好了，现在让我们来回顾一下这一章我们都讲了哪些生物的有趣故事。
● 不同区域生活着截然不同的物种，即使在自然环境相同的条件下；
● 高山、海洋等自然条件会成为阻隔物种扩散的障碍；
● 陆生哺乳动物、植物、鱼类都有自己独特的本领，能够扩大生存范围；
● 大洋岛无法产生哺乳动物。

看到这里，达尔文关于生命起源和演化的故事就讲完了，虽然很舍不得，但是，我们也不得不和他说再见了。从第一章开始，我们讲了很多有趣的故事，学会了观察和思考，也了解了这项伟大理论的诞生是何等艰难。然而，想要让世人接受一项堪称惊天动地、颠覆世界的理论，有时候比创造理论本身更难，这就是我们接下来要讲的故事。

第五章

审判“猴子”

一场荒谬的审判

在《物种起源》问世 66 年，达尔文逝世 43 年后的 1925 年，在当时世界上最为发达的国家美国，竟然发生了一场举世瞩目的“猴子审判”案件。

其实，这起案件的被告并不是猴子，而是生物学教师斯科普斯，事情还要从几年前说起。到 1920 年时，随着科学技术的进步和各种考古学证据的出土，达尔文的进化理论已经在世界范围内获得众多支持者，然而，在政客布赖恩的带领下，美国数百万人共同发起了一场轰轰烈烈的反进化论运动。

由于反对者们声势浩大，1923 年，佛罗里达州议会不得不通过一项决议，声称“达尔文主义、无神论和不可知论”不应该在公立学校教授给学生。1925 年，田纳西州通过法令明确宣布：任何教师不得在本州的一切大学、师范学校和其他各级公立学校讲授否认上帝创世的学说。斯科普斯也正是因为教授学生进化论而坐上了被告席。

1925 年 5 月 7 日，布赖恩正式向戴顿镇法院起诉，指控斯科普斯在课堂上讲授进化论，属于违法行为。起诉书上面写着：“如果人真的是由猿猴进化来的，那上帝去哪里了？”

两个月后，当地法院公开审理了这起案件。当天，无数科学家都赶到法庭，准备为被告辩护。数不清的教徒、上百名记者也一起涌进了这座人口只有 1500 多人的小镇，像过年一样热闹。小小的法院中很快就坐满了前来围观的人，不久之后，就连法院外的树上、汽车上也站满了人。

法庭上，原告布赖恩与被告的 3 位律师展开了一场精彩纷呈的辩论。

布赖恩高举着《圣经》说：“你们这些所谓的专家，妄想用可笑的‘猴子理论’否定上帝，简直荒唐！”

被告律师说：“在这个国家里，有很多忠实的信徒都把自己的一生奉献给了上帝，除了你。”

另一位律师说：“是啊，布赖恩先生平时太忙了。”

布赖恩说：“这丝毫不影响我研习《圣经》。”

被告律师说：“这么说，你是一位《圣经》专家了？《圣经》中是不是说上帝在第一天创造了清晨和夜晚，第四天创造了太阳？”

布莱恩说：“完全正确！”

被告律师说：“那没有太阳，清晨和夜晚是怎么来的呢？”

布莱恩抓耳挠腮。

虽然达尔文的拥护者在这场庭审中占尽了上风，但是，法庭最终仍然依据法令宣布：斯科普斯违反了法律，被处以 100 美元的罚款。

“猴子审判”发生 43 年后，美国最高法院才通过法令推翻了所有禁止在学校传授进化论的法律。

我们讲的这个故事发生时，《进化论》已经出版了 66 年，然而，这样荒唐的案件还是会出现，这足以证明，科学的进步是一件多么艰难的事，背后又有多少人遭遇了非议、酷刑，甚至付出了生命的代价。
就像布鲁诺、达斯科里、塞尔维特一样吗？
对，就像布鲁诺、达斯科里、塞尔维特一样，这样为了坚持真理而献出生命的人数不胜数。

布鲁诺是 16 世纪意大利自然科学家、思想家、哲学家和文学家，因为反对“地心说”等罪名被烧死在罗马的鲜花广场。

达斯科里、塞尔维特都是被当作“异端”处决的自然科学家。

直到现在，达尔文的进化论还在世界很多地方遭受着猛烈攻击。

1882 年 4 月 19 日下午，73 岁的达尔文在家中因心脏衰竭与世长辞，消息传开，全世界各大报刊都刊登了这则令人痛心的消息。英国报纸呼吁把他和牛顿等伟大人物葬在一起，因为“与这位震撼世界的思想家的成果所产生的巨大影响相比，日常政治的喧嚣大部分不过是尘土一般的贫乏”。

4 月 26 日，英国政府为达尔文举行了隆重的国葬，以纪念这位伟大生物学家为整个人类做出的巨大贡献。

达尔文墓碑上写着：“他颠覆了整个世界，虽然并不完全。”

达尔文通过自传、公开出版物和私人信件等方式表达过自己的宗教观，总的来说，他认为，宗教属于个人的私事，不想在公开场合讨论。无论在公开场合还是私下场合，达尔文都一直坚称自己是一个“不可知论者”，而不是无神论者，他甚至非常厌恶“无神论”这个词。在宗教问题上，达尔文总是小心翼翼，担心伤害到他人的宗教感情，在《物种起源》中，他也从没有写过“人类是猿猴进化而来的”，直到 1871 年，他才在《人类的由来》一书中将进化论拓展到了人类起源。

或许，我们可以借用培根在《论知识之进步》中说的一句话来说明宗教和科学之间的这种错综复杂的关系：“人们应尽力地在这两方面都追求无止境的进步或趋近娴熟。”

《物种起源》在中国

就像在其他国家一样，《物种起源》在中国的传播过程也并不顺利。

1840 年，西方列强用火炮和火枪轰开了中国“大门”，积贫积弱的中国遭受了前所未有的屈辱，一部分有见识的中国人开始“开眼看世界”，将西方大量科技著作翻译成中文。

清朝一位叫严复的思想家翻译了《天演论》，第一次将“物竞天择，适者生存”的思想带到中国。不过，《天演论》翻译的并不是《物种起源》，而是赫胥黎的《进化与伦理》。

1897 年 12 月，天津出版的《国闻汇编》刊出《天演论》，在社会上引起巨大反响，就像一记重锤“砸”醒了国人，人们开始把列强对中国的侵略与物种间残酷的斗争联系起来，发出了“与天争胜、图强保种”的呐喊。

著名文学家胡适先生回忆说，他在读书时，老师让学生买《天演论》熟读，还要做“物竞天择，适者生存”的文章。《天演论》的发表不仅影响了当时，还影响了之后的几代人，起到了思想启蒙的作用。

1903 年，留学德国的马君武用文言文翻译了《物种起源》“生存竞争”和“自然选择”两章，分别命名为《达尔文物竞篇》和《达尔文天择篇》。直到 17 年后，马君武才全书翻译了《物种起源》，将达尔文学说系统地引入中国。

在 1954 年，也就是《物种起源》问世近 100 年之后，周建人、叶笃庄和方宗熙以《物种起源》第六版（达尔文生前最后一次出版的版本）为母本，合译出《物种起源》白话文版。

2020年4月，《物种起源》被列入《教育部基础教育课程教材发展中心 中小学生阅读指导目录（2020年版）》。

现在，《物种起源》中的大部分观点已经得到了证实。然而，面对浩瀚的宇宙，我们人类就像一粒尘埃一样渺小，未来，我们仍然会面对数不清的未知问题。就像我们一直强调的那样，无论学习《物种起源》还是其他科学类书籍，从故事中获得启发和精神滋养，具备科学素养和科学精神也同样重要，唯有如此，我们才能更好地面对未知的未来，面对自己的人生。

阅读笔记

阅读笔记